資源・エネルギー工学要論
第 4 版

世 良 力 著

東京化学同人

表紙デザイン：山田好浩

第 4 版 序

　初版以来皆様のご支援を得て第4版まで無事に版を重ねることができ，この間多く皆様にご利用頂けたことに心から感謝申し上げます．しかしながら第3版以降数年を経ている間に，地球温暖化への懸念の増大に伴う脱炭素化（カーボンニュートラル）への世界的動向，それに対応して石炭を中心とする化石燃料の利用が削減される一方，エネルギー資源としてシェールオイルの出現などエネルギーの供給/消費の変化が大きくなり，また原子力に対する世論の変化など，日本のそして世界の情勢は大きく変貌した．このような現状をふまえ，第4版では地球温暖化に対応する種々の動向を加味しながら現在の情勢に合わせ，また将来の見通しを述べるとともに大部分のデータ(図，表など) を更新するなど全般の抜本的改訂を行うこととした．特に石炭火力発電に対する世界の動向に大きな変化があり第2章を中心に詳しく述べ，また再生可能エネルギー（太陽光発電や風力発電など）の利用にも大きな変化（増強）があるなど第4章で重点的に取上げた．

　20世紀初頭にはエネルギー源は取扱いの利便性などから石炭から石油へと移行したが，20世紀末には価格競争力などから再び石炭への転換があり，さらに21世紀初頭に入ってからは環境問題によって石炭は天然ガスなどの資源に転換する動きも見られるようになった．電力，特に火力発電の中心であった石炭火力発電が世界的な脱炭素への動向（地球温暖化問題，温室効果ガス削減）により撤退の方向となり，水素やアンモニアなどを燃料とする方向への転換も見られるようにもなり，化石燃料を用いる火力発電が世界的には削減される方向になってきている．

　また，原子力発電は安全性や電力価格の競争力への疑念（本著第3版でも指摘）への対応など世論が大きく変動し（否定的意見の増加），従来の大型原子炉（百万 kW 級）から次世代型小型原子炉（SMR, 10 〜 50 kW 級）の集合体などへの転換などが進められるようにもなっている．さらに使用済み核燃料（プルトニウムや高濃度放射性物質）の処理問題には何らの解決方法も確立されていない大きな問題（トイレがないマンション）も残っている．

　再生可能エネルギーの利用については太陽エネルギーや風力エネルギーなどの利用が大幅に進展しており，今後のエネルギー源の中心となることが期待されている一方で，立地，天候変動への対策などに課題がありそうである．これらの諸点について第 4 章を中心に詳しく述べた．

　上記のような需要に応じたエネルギーの生産・供給と，エネルギーの消費抑制は重要な車の両輪である．ともすると軽視（忘却）されがちになる省エネルギー・省資源は SDGs を達成するためにも不可欠であり，省エネルギー・省資源の重要さを再認識するためにもその技術的対応など，さらに日本の省エネルギーの進展状況，今後の課題についても述べた（第 6 章）．

　本書は大学前期課程の学生および社会人を対象としたものであるが，紙数の制限もあり学理的内容や構造・材料的学的な分野などは割愛し，資源・エネルギー問題の要点（一般的常識の範囲）のみを凝縮して述べたものである．さらなる詳細については巻末の参考文献あるいは専門書によっていっそうの理解を深めて頂けるようお願いしたい．本書が諸氏の資源・エネルギーに関する正しい理解に役立てれば幸いである．

　今回の改訂に際しても(株)東京化学同人および同社編集部の仁科由香利氏，池尾久美子氏に大変お世話になった．厚く御礼申し上げます．

　2022 年 6 月

著　　者

初　版　序

　20世紀に入り人類は大きな進歩を遂げた．すなわち，科学の素晴らしい発展によって，今まで経験したことがない"豊かな生活"を享受することができるようになった．特に，20世紀は物質文明の開花，成熟を実現した時代であったといえるであろう．このような豊かな社会，物質文明を支えることができた一因には，豊富なエネルギー（特に化石エネルギー）を開発し，それを自由に用いることが可能になったことをあげることができる．"20世紀は化石エネルギーの時代"ともいわれる由縁である．

　しかし，物質文明は人類に豊かな社会を実現させた一方で，とどまることのない欲望（より豊かな生活，利便の追求）を生み，大量生産・大量廃棄の社会，文明（価値観）をも招いてしまったのである．その結果，人類は地球上の資源を乱費し，環境を破壊し，さらには人間の心（倫理）までも荒廃させてしまった．その過程では資源の有限性に気づかず，19世紀以降には本文の図1・2(p.2)にも示したように，急激に莫大な量のエネルギーを不用意に浪費し，あげくの果てには太古以来地球が育んできた化石燃料などのエネルギー資源を21世紀中ごろには枯渇させるおそれすら招こうとしているのである．

　一方，われわれの生活を支え，また産業を発展させるにはエネルギーの消費は不可欠であるのも事実である．原料（資源）を加工し有用な製品を得るためには多くのエネルギーを必要とする．このため，21世紀以降もわれわれ人類が一層豊かな生活を維持し，また秩序ある産業の発展を遂げるためには，エネルギーの現実と将来の問題を正しく理解して，さらなるエネルギー源の開発と保全に努力を重ねる必要がある．このように，エネルギー源の確保と保全，消費の両立を可能にするためには，今後いくつかの問題をクリヤーしてゆかねばならない．われわれがエネルギー問題（エネルギー工学）を学ぶ目的はこのためである．

　本書では，今後のエネルギー消費は一体どこまで増大してゆくのか，その需要にはどのように対応してゆくのか(エネルギー需給論)，エネルギー資源

の限界はどのようであるのか(エネルギー資源論),化石エネルギーに代替しうる再生可能エネルギーの可能性と限界はどうなのか(代替エネルギー論),またエネルギーの有効な(無駄のない)利用方法,エネルギー資源を保全し消費を抑制するにはどうするのか(省エネルギー対策論),などについて述べた.

このように,"エネルギー問題は地球と人類の将来を支配する問題"なのである.すべての人がエネルギーに関する正しい知識と理解をもち,エネルギー利用の思想の確立と着実な実行に努めることが,明るい未来を実現するために不可欠なことである.本書の目的はこのような行動を支えるための一助とすることにあり,特に21世紀を担う若者に捧げたいと思っている.

上記のような観点から,第1章ではエネルギーに関する基礎的事項,エネルギー資源の概況,世界および日本のエネルギー問題の現状および将来について;第2章では20世紀のエネルギー源の主役であり,さらに21世紀においてもなお大きく依存せざるをえない化石エネルギーの実態について;第3章では最も身近なエネルギーである電力の利用について;第4章では21世紀に期待される自然エネルギー(再生可能エネルギー)とその限界について;第5章では豊かな生活を継続するためには,必要悪としての利用を促進せざるをえない核エネルギーの平和利用(原子力発電および核融合)について;そして第6章では資源保護,地球環境問題のためにもわれわれが努力しなければならない,現在の生活レベル・産業発展を達成しつつ実行できる省エネルギーについて,技術的内容のほか社会学的側面も含めて述べることとした.また,これらの内容を正しく理解できるように,入手できる限りの最新のデータ(1999年8月現在)を盛り込むように努めた.

本書は,著者のエネルギー産業に従事した永年の経験と,技術系国立教育機関の教壇における教育経験を基にして,主として大学前期課程用教科書向きになっているが,上記のような目的からすれば教育現場以外でも,企業における社員教育の資料,あるいは市民運動などを通じ,エネルギー問題にも関心をもって活躍されておられる方々の参考資料としても利用していただきたいと願っている(特に,われわれ技術者には,学んだ正しいエネルギーの姿について一般の市民の方々にも知らせ,エネルギー問題の解決への協力を求めてゆく努力をせねばならない義務があると思っている).

　本書の作成にあたっては，巻末に示した文献そのほか多数の著書，論文を参考にさせていただいた．また，記述内容を補完するために著者が作成した図表のほかに，内外の公的機関および諸団体の出版物，あるいは既刊書から図表，写真などを引用させていただいた．引用した図表などには，公的機関等の名称あるいは著者名，書名などを（　）内に記し，その出典を明らかにした．ここに，各著者へ衷心からの感謝の意を表したい．

　本書はページ数の制約（40 ないし 50 時間の講義相当の内容）もあり，学理的な内容，あるいは構造学的，材料学的専門分野など割愛した部分があり，また不十分な説明や誤謬などもあろうかと思います．本書を教科書としてご採用いただいた先生方には，講義に際して省略した部分の必要に応じた追補を，また学生諸君には関心ある部分については専門書によるさらなる学習を，また諸先輩には本書に対するご意見，ご叱正，ご教示をお願い申し上げる次第であります．

　また，本書の出版に当たりお世話になった(株)東京化学同人ならびに同社編集部の古賀勇氏，長岡達也氏に深く感謝いたします．

1999 年 9 月

著　　者

目　　　次

1

序論：エネルギーの基礎

1・1 人類，環境とエネルギー

人類は，太古の火の発見以来，生存してゆくうえで，快適な生活，より**豊かな社会**を求めて発展してきた．一方，そのために必要な物資の生産のために多大な資源とエネルギーを費やしてきた．18世紀の産業革命以降，**科学の進歩**（たとえば合成肥料の生産，化学繊維の発明など），**産業の発達**（職業の開発），**医・薬・農学の進歩**などは豊かな社会を実現し，その結果人類は貧困からの脱却ができるようになった．しかし，その反面で世界の人口が急増（**人口爆発**）するようになった．

人口の増加に対しては食糧・生活用品の増産，雇用の確保が必要であり，このためには，農業振興（農地拡大，肥料の増産），産業の拡充，経済の発展が必要である．このような**産業活動が発展するにはエネルギーが不可欠**であり，さらに国家の近代化，産業開発，民度（生活レベル）の向上とともに1人当たりのエネルギー消費量も増加する（図1・1）．したがって，世界の人口増加*と，1人当たりのエネルギー原単位の増加（豊かな生活に伴うエネルギー消費量の増加）の積として，世界のエネルギーの総需要が増大するのは当然の帰結である．人類の進歩とともに，エネルギーの消費がどのように増大してきたかは，図1・2などを見ることによってもわかるが，産業革命以来の世界のエネルギー消費の増加には目を見張るものがある．

この傾向は21世紀に入っても緩むことはなく，**エネルギー消費**はさらに急増し

---

* 世界の人口は2021年には78億人を超えた．先進国以外（p.14の脚注参照）の人口爆発がその主原因であるが，このままの状態が続くと2050年には95億人に達し21世紀末には世界の人口は100億を超えると予測されており（国際連合広報センター），地球規模でのさまざまな問題が起こる原因となることが懸念されている．

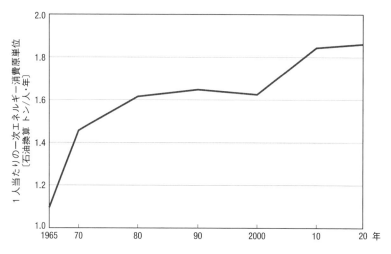

図1・1　世界の1人当たりの一次エネルギー消費原単位の推移［"EDMC/エネルギー・経済統計要覧（2021年版）"］

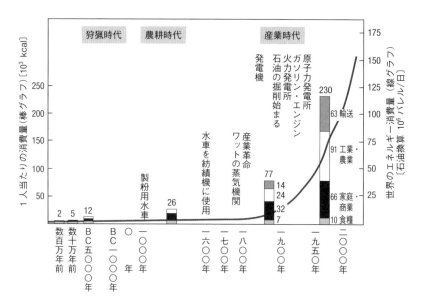

図1・2　人類のエネルギー消費の歴史［E. Cook, *Science* (1971)を参考に作成］

ている．今後このような状況が持続してゆくと将来のエネルギー事情はどのように
なってゆくのであろうか[*1]．エネルギー資源の限界，地球温暖化に対応する化石
燃料抑制の動向，原子力発電への疑問，あるいは新しいエネルギー技術の開発速度
とのギャップなどの点からエネルギー需給の混乱（世界のエネルギー不足）の発生
そのほかの大きな問題が生じる懸念がある（§1・5）．

　現在，世界のエネルギー源はその多くを化石燃料に依存し（§1・5），その結果，
多量の汚染物質を排出している．一般には化石燃料エネルギーの消費に伴う環境の
悪化を問題とすることが多いが，このような膨大なエネルギー源の生産（採掘），輸
送，貯蔵などの段階でも地球環境に影響（大気汚染，温暖化など）を及ぼしている
ことを忘れてはならない．たとえば，石炭は18世紀から20世紀におけるエネル
ギー源の中心であったが，採掘（露天掘り，採掘ズリ，ボタ山など）の際にも環境
破壊をひき起こし，利用・燃焼の際に再び大気汚染（煤塵，SO_x，NO_x，CO_2 など
の発生）を起こしている．石油やシェールオイルの採掘時（随伴ガスの放出），輸
送・貯蔵途中（漏油など）にも環境汚染のおそれがある．天然ガスは地球温暖化へ
の影響が化石燃料の中では最も小さいが，採掘の際（メタンの漏出，随伴 CO_2 の放
出など）および燃焼排出物（CO_2，NO_x）には問題が残る．ウランは原子力発電（核
分裂エネルギー利用）の中心資源であるが，それ自身の放射能，利用に関する安全
技術，事故発生時の対策，核廃棄物処理などにはなお種々の問題がある（第5章参
照）．

　このように，エネルギー消費の増大は単にエネルギー資源の枯渇，保全などの問
題としてだけではなく，地球環境問題（大気汚染，地球温暖化など）として大きな
問題となるおそれがある．われわれが快適な生活を求め，そのために過剰な人間の
活動を行い，その手段を間違うと図1・3に示したように豊かな生活と引替えに気
候変動に伴う地球規模の大規模災害やさまざまな環境破壊，文明の衰退が生じるの
である．何かを犠牲にしても経済成長を優先する社会が善なのか，格差のない安定
して持続可能な地球を維持できる（SDGs[*2]）社会が**本当の豊かな社会**なのか考え

[*1]　国家の近代化，産業開発の進展とともにエネルギー原単位〔人口1人当たり，あるいは GDP
（国内総生産）当たりのエネルギー消費量〕が級数的に増大する．エネルギー消費量はおもに
人口とエネルギー原単位の積として現れてくるので，エネルギー消費の増加は驚くべき大きさ
となってゆく．

[*2]　Sustainable Development Goals（持続可能な開発目標）の略称．2015年9月の国連サミットで，
全会一致で採択された．"2030年までに持続可能でよりよい世界を目指す国際目標"で，17の
ゴールと169のターゲットから構成されている．各国，各事業者，各個人それぞれに努めるべ
き目標が示されている．

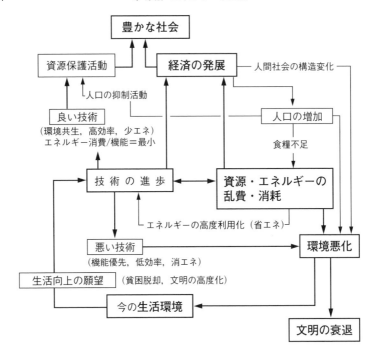

図1・3　人間の活動と三つの E(Economy, Energy, Environment)の調和
［世良 力 著，“環境科学要論(第3版)”, p.4, 東京化学同人(2011)］

ねばならないであろう．環境問題の根底にはエネルギー問題がある，環境問題はす
なわちエネルギー問題であるといわれる由縁である．

　しかし現代においては，また将来においても多くのエネルギーの消費は不可避で
ある（§1·5·1B）．快適な生活を確保し，適正な人間活動（エネルギーの利用）を
行い，地球と共生できる，持続可能な人類の発展を実現するためには，たとえば下
記のような対策が重要かつ不可欠である．

1）エネルギー消費の抑制技術（詳細は第6章参照）
　①　当面の省エネルギー対策
　　イ）エネルギー生産効率の向上
　　　　発電効率の向上，複合発電システム，太陽光発電の効率向上など
　　ロ）エネルギー利用効率の向上（上手なエネルギーの使い方）
　　　　廃熱回収，ヒートインテグレーション（工場），広域熱利用システム，

　　　　家電製品・自動車・建造物の省エネルギー化など

　② 抜本的省エネルギー対策

　　　　超高圧直流送電，超高周波電力，超伝導発送電，LED をはじめとする
　　　　高効率照明，省電力型次世代半導体などの革新的技術の開発・実用化

2) **化石燃料の利用に応じた環境保護対策**（詳細は第 2 章参照）

　① 燃料の低公害化（脱硫，脱窒素など）

　② 大気汚染防止技術（工場排煙，自動車排ガス対策など）

　③ 発生する二酸化炭素の回収

3) **代替エネルギー技術の開発**（詳細は第 4 章および第 5 章参照）

　① 再生可能エネルギー利用技術(自然エネルギー，バイオマスエネルギーなど)

　② 未利用エネルギー利用技術の促進（低温熱源利用，ヒートポンプ利用技術
　　　など）

　③ 原子力発電の安全対策強化

4) **社会学的エネルギー対策**

　① 市民の倫理，意識の変革[*1]

　　　　地球環境との共生意識（SDGs），資源保護意識（資源の限界の認識，過
　　　　剰な消費の自粛，リサイクル，新しい価値観，ライフスタイルの見直
　　　　しなど）

　② 社会制度の変革

　　　　法律（規制），政策（エネルギー政策，再生可能エネルギー推進制度な
　　　　ど），税制（課徴金，環境税，炭素税など）の制定・推進

　エネルギー対策というと，往々にして 1),2),3) などの技術的対策へと問題を矮
小化する傾向があるが，**最も重要でありかつ効果的なものは 4)-① の社会学的対策**
〔4)-② はそれを支援するもの〕，**すなわちわれわれ自身のエネルギーに対する意識
の改革と行動（実行）**であることを忘れてはならない[*2]。2011 年の東日本大震災に
よる電力不足を契機に日本人の節電，省エネルギー意識は格段に改善されたが，さ
らにすべての市民の理解（**意識の変革**）・協力の下に，**一人一人がエネルギー保全に
ついての小さな努力を積み上げ，省エネルギーの着実な実行**（第 6 章参照）などに
よってエネルギー危機を回避しなければならない。

---

*1　世良 力 著，"環境科学要論(第 3 版)"，東京化学同人(2011) の第 16 章参照．
*2　本書は技術系の読者を対象としたものであるので，社会学的対策については多くのページを
　　割くことはできないが，いかに技術的努力，新技術の開発を行っても，それ以上のエネルギー
　　の浪費（市民の無理解）が起これば，技術的対策の成果は見る影もないものとなる．

1・2　エネルギーの種類（形態）の概要と分類

　エネルギーとは平易にいえば，運動，熱，電力などのような何らかの仕事をする能力であるということができる．学術的に分類すれば，i) 位置エネルギー（水力発電など），ii) 運動エネルギー（水車，風力発電など），iii) 熱エネルギー（火力発電，内燃機関，地熱利用など），iv) 化学エネルギー（燃焼反応，燃料電池など），v) 原子力エネルギー（核分裂，核融合），vi) 光エネルギー（太陽電池など），vii) 電気エネルギー，viii) その他，のようになる．

　具体的には大きく分ければ図 1・4 に示したように，① 再生可能エネルギー（renewable energy），② 化石燃料エネルギー（fossil fuel energy），③ 原子力エネルギー（atomic energy）に分類できる．① には水力，太陽，風力などの自然エネルギー（natural energy，多くは物理エネルギー）とバイオマスエネルギー（biomass energy，生物・化学エネルギー）がある．

　エネルギーの形態には直接には利用しにくいものと，直接利用できる便利なものとがある．エネルギー転換，加工を行う前のエネルギーを一次エネルギー（primary energy）といい，石炭，石油，シェールオイル，天然ガス，自然エネルギー（水力，風力，太陽光，地熱など），核燃料など自然界に存在しエネルギーの源となるものがこれに相当する．一次エネルギーを転換，加工して得られるエネルギーは電力，都市ガスなどであり二次エネルギー（secondary energy，あるいは最終エネルギー）という．一次エネルギーは直接利用しにくいので，二次エネルギーに変換する必要がある．したがって，"二次エネルギーは，一次エネルギーを利用しやすい形態に変換したエネルギー"ということもできる．

　化石燃料（石炭，石油，シェールオイル，天然ガスなど）はエネルギー密度（単位重量あるいは体積当たり有効に取出すことのできるエネルギー量）が高く使いやすいが，資源量には限界がある（§1・4・2）．自然エネルギーは量的には無限であるが，その多くはエネルギー密度が低く，また現状では変換効率が低いので，現在世界で利用されている自然エネルギーの量は過去 10 年間で約 20 倍程度に増加されてはいるものの世界の一次エネルギーのうちの約 10 ％程度（水力エネルギーを除く）にしかすぎず今後のさらなる増強が望まれる（第 4 章）．水力エネルギーは量的にも多く変換効率も高いが，資源が偏在している問題がある．バイオマスエネルギー（植物エネルギーなど）はエネルギー生産効率は低いが，その由来は自然エネルギー（太陽エネルギー）であり環境適合型エネルギーであるので，風力や太陽エネルギーの直接的利用とともに，バイオマスエネルギーの利用には今後大きな期待が寄せられ

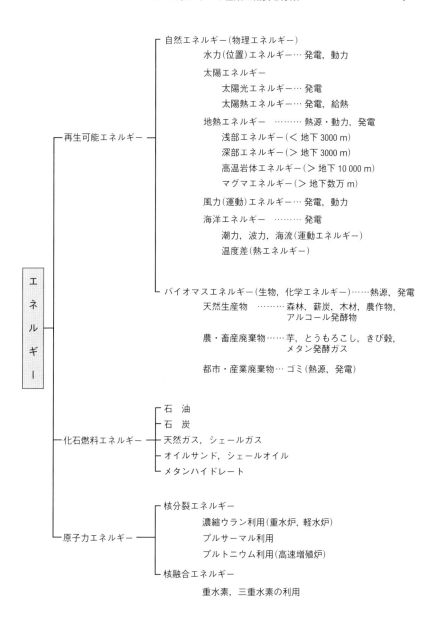

図1・4　エネルギーの種類と分類

ている.

　現在最も広く利用されているエネルギーは，熱エネルギー（化学エネルギーの一部，地熱エネルギーなど）である．化学エネルギーは現状ではその大部分は燃焼反応熱であり，その資源は化石燃料（第2章）である．化石燃料が好んで用いられる理由は，エネルギー密度が高く安価であることであるが，反面資源量に限界があること，環境的な問題を含んでいることなどの欠点がある．現在，化石燃料が世界の一次エネルギーに占める割合は 83 %程度（2020 年）であり（§1·5），エネルギー的には **20 世紀は化石燃料の時代**といわれた由縁である．21 世紀においてはその割合は低下してきてはいるものの，化石燃料を今後も無視することはできないであろう（資源論，環境論からすれば不本意であるが，今後も頼らざるをえない，§1·5·1B）．熱エネルギーはそのまま用いられることも多いが，二次エネルギー（電気エネルギー，機械エネルギー・動力など）に変換して用いられることも多い.

1·3　エネルギーの変換と単位

1·3·1　エネルギー変換の原則

　エネルギーは，基本的には**相互変換が可能**である．すなわち，**エネルギー保存則**（**熱力学第一法則**；質量＋エネルギーの総量は一定である）が成立する．一例を図1·5に示す.

　ただし，すべてのエネルギーが 100 %相互変換可能とは限らない．たとえば，電気エネルギーはすべてを機械エネルギーに変換できるが，熱エネルギーのすべてを運動エネルギーに変換することは理論的に不可能である.

　熱機関のうち最大効率の可逆機関，**カルノーサイクル**（Carnot cycle）ではその効率（η_c）は，

$$\eta_c = \frac{T_1 - T_2}{T_1}$$

である．ここで，T_1 は高温熱源の温度，T_2 は低温熱源の温度である．しかし，現実の熱機関はこの効率を超えることはできない.

　エネルギーの流れと質の変化には一定の方向がある．すなわち，エネルギーは高い方から低い方へ移動する.

　エネルギーの量は，その**強度因子**と**容量因子**の積で表される（表1·1）．大量のエネルギーも位置（高さ），温度，圧力，電圧，化学ポテンシャル（モル当たりのギブズ自由エネルギー）などの強度因子の差がなければ移動できない．たとえば，大

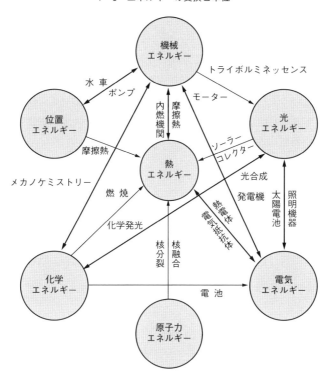

図1・5　各種のエネルギー相互変換の関係とその手段の例

表1・1　各種のエネルギー強度因子と容量因子

エネルギーの種類	強度因子 (i)	容量因子 (c)	エネルギー
機械エネルギー	力　　　f	距　離　x	fx
運動エネルギー	速　度　v	質　量　m	$(1/2)mv^2$
位置エネルギー	高　さ　h	質　量　m	mgh
容積のエネルギー	圧　力　P	容　積　V	PV
熱エネルギー	熱力学温度　T	エントロピー　S	TS
化学エネルギー	化学ポテンシャル　μ	モル数　n	$\mu n (=G)$
電気エネルギー	電　圧　E	電気量　Q	EQ
光エネルギー	振動数　ν	プランク定数　h	$nh\nu$

出典：河村和孝, 馬場宣良 著, “エネルギーの工学と資源”, p.3, 産業図書（1993）.

量のダムの水も落差がなければ基本的には発電には利用できないし，大量の太陽エネルギーもエネルギー密度が低いので実際に利用可能な量は変換効率の向上がない限り思ったほど多くはない[*1].

　すなわち，量（容量因子）がいかに多くても有効利用できるエネルギーの量には限度があるということである．このようにエネルギー資源の利用を現実問題として考えるときには，有効に利用できるエネルギーの量（質）を常に意識しておく（エクセルギーの観点）必要がある．

1・3・2　エネルギー問題で扱う単位

　エネルギーの SI 単位は J（ジュール）でありこれで示されることが多いが，図1・4 に示したようにエネルギー源には種々のものがありその単位を K（温度），Pa（圧力），m^3（体積）などで表すこともある．また，ほかに常用単位，慣用単位[*2] なども一般には広く用いられている．たとえば，エネルギーのほか，物性，物量，状態などにも次のように種々の単位が用いられており，混乱しやすいので注意したい．単位の相互関係については各種の単位換算表（巻末そのほか）を参照されたい．

力：N（ニュートン＝$m\,kg\,s^{-2}$），dyn（ダイン），kgf（重量キログラム）

仕事量（熱エネルギー）：J（ジュール＝$kg\,m^2\,s^{-2}$），cal（カロリー），
　　BTU（英国熱量単位），Q（10^{18} BTU），kWh（キロワット時）

仕事量（動力）：W（ワット＝$kg\,m^2\,s^{-3}$），$kgf\,m\,s^{-1}$，PS（馬力）

電力：kW，kWh

質量：kg，t（トン），lb（ポンド），MTOE（石油換算 百万トン）[*3]

圧力：Pa（パスカル＝$kg\,m^{-1}\,s^{-2}$），dyn cm，bar（バール），Torr（トル），
　　atm（気圧），$kg\,cm^{-2}\,G$（ゲージ圧力），psi（$lb\,in^{-2}$）

温度：K（ケルビン），℃（摂氏），℉（華氏）

体積：kL（キロリットル＝m^3），ft^3，gal（ガロン），bbl（バレル＝0.159 kL）

---

*1　太陽エネルギーは無限であることから，世間では "太陽エネルギーの利用技術が完成すればすべてのエネルギー問題，地球温暖化（二酸化炭素）問題などは解決する" といったような誤解（誇張した報道など）があるが，事実ではない（§4・3 など参照）．誤った情報によって過度な安心感をもつことは戒めたい．

*2　工業的にエネルギー資源などの量を議論するときには t, kL, bbl, cal, kWh, 原油換算 kL などの慣用単位がよく用いられるので，相互の換算に慣れておきたい（巻末の単位換算表など参照）．

*3　発熱量が異なる資源の量を比較するような場合には，熱量ベースで基準となる石油の量に換算して，共通の単位（MTOE: million tons oil equivalent，あるいは 石油換算 百万トン）を用いて比較，議論することが多い．

1・4 エネルギー資源

1・4・1 資源の寿命と新技術開発の意義

　地球上には多くの資源が存在するが，19世紀以降の人類の過剰な活動によってこれらの資源の寿命（可採年数）は急速に減少しつつある．一部の資源の状況を表1・2に示した．ここで注意しておきたいことは，金属資源などはリサイクルによって循環使用（寿命の延長）が可能であるのに対して，**化石燃料エネルギー資源は再生使用が不可能であり**，現在のような乱費が続けば寿命はさらに短くなるということである．

表1・2　おもな資源の埋蔵量と寿命（可採年数）[†1]

資源名		埋蔵量 (R)	年間生産量[†2] (P)	寿命 (R/P)
エネルギー資源	石炭[†3]	7500億トン ［1.7兆トン］	80億トン ［130億トン］	95 ［132］
	石油	1.74兆バレル	350億バレル	50
	天然ガス	200兆 m³	4.0兆 m³	50
	ウラン[†4]	470万トン	5.9トン	85
金属資源	鉄	3800億トン	（70〜75億トン）	50〜55
	銅	4.9億トン	（1000〜1100万トン）	45〜50
	ニッケル	8900万トン	（200〜220万トン）	46〜45
	金	18万トン	（0.9〜1.0万トン）	約20

†1　資源の寿命(可採年数)は一般には確認可採埋蔵量/年間生産量 (R/P) の値で示される．しかし，R および P の値は年々変動し，また研究者(学者)によっても異なる．したがって，資源開発技術の進歩や生産の増減によって寿命が変動(長くなったり短くなったり)することもあることを理解しておきたい（たとえば図2・13）．なお，ウランの寿命は対象資源の採掘コストの基準あるいは余剰戦略ウランの量によって大きく変動する（§5・4・1）ので注意をしたい．

†2　金属資源の生産量は推定値．

†3　石炭は高品位炭の値．［　］は亜瀝青炭，褐炭などを含む全石炭の値．

†4　ウランは260米ドル/kg 未満のものについての値．

出典：エネルギー資源については"エネルギー白書2021"，"EDMC/エネルギー・経済統計要覧(2021年版)"など．金属資源についてはJOGMEC，USGSなど．

　2020年現在，世界の一次エネルギー消費量は**年間，石油換算 約143億トン**にも達しており，しかもその**約83％を化石燃料に依存している**（石油 32 %，石炭 27 %，天然ガス 24 %）．

　しかし，われわれが現在のような化石燃料エネルギーの乱費を続ければ，計算上では石油，天然ガスなどの化石燃料は21世紀末以降には枯渇し，それ以後は再生

可能なエネルギー資源（renewable resources）に頼らざるをえない時期がくるなどの大きな**エネルギー危機**に遭遇するおそれがある（詳細は §1·5）．そのような事態を回避するためには，エネルギー資源の開発促進や温存，浪費の抑制に努め（第6章），それまでの残された時間のうちに自然エネルギー（第4章）などの代替エネルギーの開発，新エネルギー技術（第5章など）の開発，省エネルギー技術の推進（第6章）などに邁進せねばならない（新エネルギー開発の促進の意義）．

　このような実態を正しく認識し，世界中の人々がエネルギー問題に正しく立ち向かうためには，われわれがエネルギー資源の存在量および消費の実態（§1·5）を真剣に学習する必要がある．また，科学者たちは市民に正しい情報を伝えなければならない責務もあろう．

1・4・2　世界のエネルギー資源の埋蔵量

　地球上の一次エネルギー源には，① 化石燃料，② ウランなどを用いる**原子力エネルギー資源**と，③ 水力，④ 地熱，⑤ 太陽，⑥ バイオマスなどの**再生可能エネルギー資源**がある．このうちの ③ 以降は再生可能エネルギーであり量的には無限で

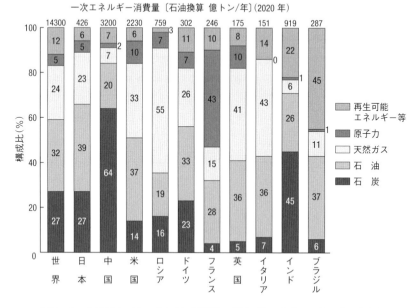

図1·6　主要国の一次エネルギー消費量の割合［"BP統計2021"を基に作成］

あるといえるが，さまざまな問題（§1・3・1）があり実際に利用できる量はわずかである．世界の一次エネルギー消費の現実は，① が83％程度を占め（図1・6），② が5％程度を占めているが，①，② ともに資源量は有限であり，またそれらの資源は特定の地域に偏在し，しかもいずれは枯渇することが問題である．各エネルギー源の埋蔵量，寿命（可採年数，表1・2の表注†1参照）を表1・3に示す．

表1・3　世界のエネルギー資源量

		石　油	天然ガス	石　炭[†1]	ウラン[†2]
究極可採埋蔵量[†3]		3.02 兆バレル	436 兆 m^3	11 兆トン	
確認可採埋蔵量(R)[†4]		1.74 兆バレル	200 兆 m^3	10700 億トン （7500 億トン）	470 万トン
地域別賦存状況	北　米	14.0 ％	8 ％	24.0 ％	16.0 ％
	中南米	19.0	4	1.3	3.9
	欧　州	0.8	2	13.0	2.2
	CIS[†5]	8.4	32	18.0	2.0
	中　東	48.0	38	0.1	0.0
	アフリカ	7.0	7	1.4	22.0
	アジア大洋州	3.0	9	43.0	35.0
年間生産量（P）		350 億バレル	4.0 兆 m^3	80 億トン	5.5 万トン
可採年数（R/P）		50 年	50 年	95 年	85 年

†1　石炭の（　）中の数値は高品位炭（§2・1・3）についての値.
†2　ウランの総量は推定 7097 万トンであるが，表には経済性がある 260 米ドル/kg 未満の数値のみを示す.
†3　将来の技術の進歩によって採掘できるであろう量.
†4　現在の技術と経済性に見合って採掘できる量（2020 年）.
†5　独立国家共同体（CIS: Commonwealth of Independent States）．旧ソ連邦を構成していた 15 カ国のうちバルト 3 国を除く 12 カ国からなっている．ロシア，ウズベキスタンなどの諸国.
出典: 石油，天然ガス，石炭は "エネルギー白書 2021"，"BP 統計 2021"．ウランは "EDMC/エネルギー・経済統計要覧（2021 年版）"，究極可採埋蔵量については，世界石油会議資料（2000）.

1・5　世界と日本のエネルギー事情

本節でエネルギー事情，特にエネルギー需給問題を議論する理由は**将来のエネルギーはどうなるのか**を予測し，必要ならばそれへの**対策を考える**ことである．また，将来を考えるには過去の実態を知り，反省することも必要である．

エネルギーの将来需給予測は**マクロ需給解析**（macro supply-demand analysis）その他さまざまな統計学的，経済学的技法を用いる．この方法においては，過去の実

態を分析しつつ，将来の社会的要素，経済的要素（産業動向など），技術的要素などを勘案しながら，さまざまなモデルを駆使して数値予測（コンピューターサイエンス）を行うものである．したがって，われわれはエネルギーの技術的問題だけではなく，エネルギーの社会的，経済的な側面，社会あるいは経済に及ぼすさまざまな要因などについても正しく理解することが必要である．さらに，われわれエネルギー工学を学ぶ者は知識を得るだけではなく，エネルギーについての正しい情報，思想を一般の市民にも知らせてゆく努力，義務も求められるのである．

1・5・1　世界のエネルギー事情

A　世界のエネルギー需要の現状

§1・1で述べたように，18世紀の産業革命以降の産業の発展，人口の増加などの結果，世界のエネルギー消費量が急速に増加した．このようなエネルギー需要の増大に対しては，20世紀前半までは石炭，石油などを中心とする化石燃料資源の開発（石炭→石油→天然ガス）によって，一応問題のない状況を維持することができていた，あるいはむしろ問題が発生することすら感じなかったともいえる．

現在の世界および主要国のエネルギー需要状況は，おおむね表1・4に示したようになっている．

また，各国のエネルギー消費原単位の一部を比較してみると表1・5に示したようになる．1人当たりのエネルギー消費量は米国が抜きん出ており（約7トン/人・年），先進国[*1]は3～4トン/人・年，先進国以外は2トン/人・年以下である．また，エネルギー効率（トン/GDP百万米ドル）は年々改善されているが[*2]，米国が125トン/百万米ドル程度，ヨーロッパ諸国が80トン/百万米ドル前後，先進国以

---

*1　先進国に特定した定義はないが，技術水準，生活水準などが高く自由化も進んでいる国で，一般にはG7あるいはOECD（経済開発協力機構）に加盟している国（約40カ国），または1人当たりのGDPが1万米ドル以上の諸国・地域といわれている．先進国以外についても明確な定義はないが，一般にはOECDなどから経済援助を受けている国・地域，あるいは国の経済力が小さい国（1人当たりの年収GNIが1.2万米ドル程度以下）などをさしている（世界銀行）．これらの基準に合わせるとロシア，中国，インドなどは先進国には分類されない．これらの諸国は大国であっても技術水準など一部の分野では先進国のレベルに達しているためBRICSとよばれているが，国全体としての政治，金融，教育，社会福祉などの点では先進国としての基準に達していない．

*2　実質GDP当たりの一次エネルギー消費量〔トン/百万米ドル〕（世界平均）

年	1970	1980	1990	2000	2010	2018
消費量	280	257	231	201	194	173

出典："EDMC/エネルギー・経済統計要覧（2021年版）"．

表1・4　主要国の一次エネルギー消費量〔石油換算 億トン/年〕(2020年)

中　　国	32.0 (22.1 %)	ド イ ツ	3.0 (2.0 %)
米　　国	22.3 (15.4　)	ブラジル	2.9 (2.0　)
ロ シ ア	8.0 (5.5　)	韓　　国	2.8 (1.9　)
イ ン ド	9.2 (6.2　)	フランス	2.3 (1.7　)
日　　本	4.3 (2.8　)	英　　国	1.8 (1.2　)
カ ナ ダ	3.0 (2.0　)	イタリア	1.5 (1.0　)
世 界 計			145 (100　%)

出典: IEA, "World Energy Balances 2021".

表1・5　国別の1人当たり，実質GDP当たりの一次エネルギー消費原単位(2018年実績)

国　　名	人　口[†]〔千万人〕(%)	実質GDP〔千億米ドル〕(%)	一次エネルギー消費原単位（石油換算）	
			〔トン/人・年〕	〔トン/百万米ドル〕
米　　国	32.7(4.3)	178.5(21.6)	6.8	125
ロ シ ア	14.4(2.0)	17.4(2.1)	5.3	437
中　　国	139 (18.3)	108.7(13.1)	2.3	294
日　　本	12.7(1.7)	61.7(7.5)	3.4	69
韓　　国	5.2(0.7)	14.5(1.8)	5.5	195
ド イ ツ	8.3(1.1)	39.4(4.8)	3.6	77
フランス	6.7(0.9)	29.3(3.6)	3.7	84
英　　国	6.7(0.9)	28.8(3.4)	2.6	62
イ ン ド	135 (17.8)	28.1(3.4)	0.7	327
ブラジル	20.9(0.3)	23.2(2.8)	1.4	124
アフリカ	127 (16.8)	24.9(3.0)	0.7	334
世 界 計	758 (100%)	825.3(100%)	1.88	173

出典: "EDMC/エネルギー・経済統計要覧(2021年版)".

外は300トン/百万米ドル，ロシア437トン/百万米ドル，世界平均が約170トン/百万米ドル前後であるのに対して，日本（69トン/百万米ドル）は世界でも優れた成績を示していることがわかる．このように，エネルギーを浪費している国，エネルギーの利用効率が悪い国，将来のエネルギー消費増加が懸念される国（現在は1人当たりのエネルギー消費量が少ない），あるいはエネルギー需要における南北格差など，各国の実態，課題がいろいろと浮かび上がってくる．

一方，主要国が利用している一次エネルギー源の割合を図1・6に示したが，そ

れぞれの国の資源保有量，政策などの違いによってエネルギー源の利用状況に大きな違いがあることがわかる．

　また，各国が必要とする一次エネルギーをどの程度自給できているのか（輸入依存度）を見ると，図1・7に示したようになる．米国は2015年頃よりシェールオイルの開発により依存度が改善（低下）しており，英国は北海油田などの低迷によって，2005年頃から輸入国に転じ，また中国も自国原油の生産低迷と需要の増大のために1995年頃から輸入国に転じている（コラム3）．また世界の他の国に比べて，日本がいかに**エネルギー自給率が低い**（したがってエネルギー安全保障の点で問題が大きい）かが理解できるであろう．

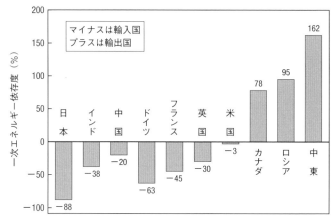

図1・7　主要国の一次エネルギー依存度（2018年）
[IEA, "World Energy Balances 2021"]

B　21世紀の世界のエネルギー需給予測と対策

　世界のエネルギー供給量は図1・8に示したように年々増大を続けており，20世紀後半（特に1970年代以降）には産業活動の急激な展開，それに伴う世界のエネルギー需要の急増がみられた．特に，21世紀の経済成長センターといわれるアジア地区での需要（世界の約35％を占める）の伸びが大きく，また今後の人口の急増と生活水準の改善，経済開発指向の中南米・アフリカ・中東などといった国々の需要増によって，今後のエネルギー需要はどのようになっていくのであろうか．

　エネルギー需給予測は，将来に向かってのさまざまな対策を準備するためのものであり，政府（経済産業省など），企業（開発銀行など），あるいは国際機関〔IEA

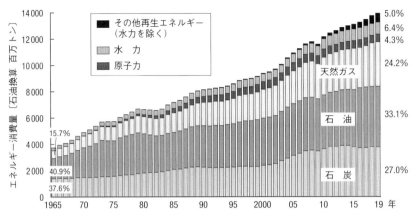

図1・8　世界の一次エネルギー消費量の推移．右端の%はグラフの最終年のものである．[“エネルギー白書2021”]

（国際エネルギー機関）など]，そのほかによって行われている．種々の推計値があるが，今後も今までと同じような経済成長が続くと2040年頃には170～180億トンという膨大な量の一次エネルギーが必要となるであろうという予測もある．

　このようなエネルギー消費の際限ない増加が続くと，資源開発速度が需要増加に追いつかなくなり，エネルギー源（化石燃料など）の供給に問題が起こり，ひいては将来のエネルギー資源枯渇（地球の有限性）の問題をひき起こすことになる．現在のような勢いで消費が進み，エネルギー需要の目に余る増加が続くと，

1) エネルギー価格の高騰による世界経済の破綻（例: 1970年代の石油危機）
2) 国際的貧富の差の拡大（先進国とそれ以外の国との間の南北問題の発生，資源保有国と無資源国との紛争）
3) エネルギー獲得戦争の勃発（例: 第二次世界大戦，中東戦争など）
4) 地球環境汚染，気象の変動（二酸化炭素の増大による地球温暖化など）
5) 資源の限界・枯渇に対する社会の混乱，さらに人類の生存の問題

などへも問題が波及してくる懸念が生じてくる*．

---

*　地球の有限性，21世紀の地球環境などに関して，ローマクラブの提言〔メドウスら，“成長の限界”（1972）〕や“米国大統領への地球に関する特別報告書”（1980），“国立環境研究所報告（日本）”などの警告が発せられたが，内容は当時としては衝撃的なものであったが，「現状のような状態を続ければ」という前提の下での推算によるものであり，社会不安の原因となるものではない．われわれは，これらの警告を真摯に受けとめ，現状の正しい認識と反省，新たなる倫理の確立，エネルギー対策立案と実行に努めねばならない（本書の出版の目的でもある）．

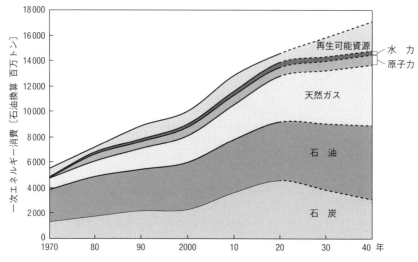

図1・9 21世紀の世界のエネルギー需要予測(I)(IEA政策目標ケース)
［IEA, "World Energy Balance 2021" および同 "World Energy Outlook 2020" を基に作成］

　さらに，再生可能エネルギー利用の拡大や省エネルギー技術の進歩などのエネルギー対策の効果が現れるまでにはかなりの長期間を要することを考えると，エネルギー問題に対する抜本的対策を立てるためには，短・中期予測よりも超長期エネルギー需給予測（数十年から百年単位の需給予測）が重要となってくる．しかし，エネルギーの長期予測には種々の要因や精度の問題があり，大変難しく，残念ながら研究例は多くはない．中期エネルギー需給予測の一例（IEA政策目標ケース）を図1・9に示す．

　これは，われわれが現状のままの状態を今後とも続ければ（人口急増，エネルギーの浪費，エネルギー転換なし），パリ協定（コラム1）に基づく各国の化石燃料の節減政策目標を達成しても，なお2040年には化石燃料の使用量は石油換算 約137億トン（一次エネルギー消費の約80％）にも達すると予測するものであり，パリ協定の目標を達成できないこととなる．このような状況では，増大する化石燃料の使用によって二酸化炭素排出の急増を招き，資源の枯渇のみならず，地球環境の急速な悪化（大幅な気象変動，地球温暖化など）をもひき起こすことになる．**われわれの奔放な生活の結果，次世代に大きな負の遺産を残すことが許されるであろうか.**

　しかし，われわれがこのような危機を深く認識し，世界の人々が協力して持続可

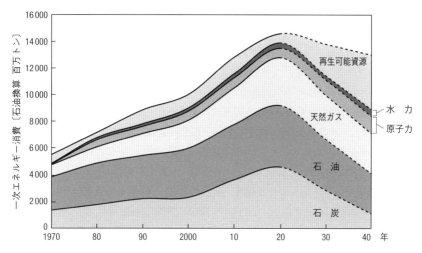

図1・10　21世紀世界のエネルギー需要予測(II)(IEA持続可能開発ケース)
〔IEA, "World Energy Balance 2021" および同 "World Energy Outlook 2020" を基に作成〕

能な発展思想（SDGs）に基づく強力な対策（誤りのないエネルギー政策, エネルギー消費の抑制, 地球と共生できる適度な経済成長, 新技術の開発, 新しい倫理の確立など）に努めれば, たとえば図1・10に示したような明るい未来を歩むことが可能である. しかしそのためには, 大幅なエネルギー消費の抑制, 化石燃料使用の圧縮（石油換算 約71億トン, 一次エネルギー消費の約55 %）, 再生可能エネル

コラム1　パ リ 協 定

　2015年にパリで開催されたCOP 21で2020年以降の温室効果ガス排出削減のために採択された協定（Paris Agreement）. 地球の気温上昇を抑制するためにすべての国が排出削減目標を定め, かつ5年ごとに更新することを義務づけ, さらに産業革命以前に比べ気温上昇を1.5 ℃以下にするよう努力を追求するとともに, 長期的には2 ℃以下にする目標も示した. このために世界で2030年頃には2013年比46 %の削減, 2050年には100 %削減〔地球温暖化ガスの排出実施ゼロ, カーボンニュートラル（p.27の脚注参照）〕が必要となる. また排出削減対策が講じられていない石炭火力発電設備の段階的逓減を求めた. 日本は2013年の水準から2030年には26 %削減, 2050年には80 %の削減を中期目標としている.

ギー利用の急拡大（石油換算 約 40 億トン，一次エネルギー消費の約 30 ％）などに大きく期待される．そのためには産業界および各個々人の自覚と努力が不可欠である．特に，**強力なエネルギー消費の抑制**（政策と技術開発，省エネルギーの推進，市民の協力など，第 6 章）と**再生可能エネルギーの開発促進**（化石燃料枯渇との時間的競争）が重要かつ不可欠である．エネルギーあるいは環境問題には，過剰な悲観よりも理想に向かっての一人一人の努力と実行が大切である．われわれは，明るい未来のためにエネルギー消費の抑制と資源の温存に最大の努力を払わねばならない．

　なお再生可能エネルギー（主として風力，地熱，太陽，バイオマスなど）の利用可能量はさまざまな制約（第 4 章）があるためになかなか需要に追いつけないので，21 世紀においてもエネルギー源の多くを化石燃料に頼らざるをえない状況にある．**化石燃料は資源が有限であり，しかも他の資源と異なり再生利用（リサイクル）が不可能な資源**（§1·4·1）であることを十分認識して，エネルギー資源の温存に努力する必要がある．

　このようなことから，21 世紀においても利用を続けなければならない化石燃料資源の枯渇を防ぎ（寿命の延長），エネルギー危機の回避，ひいては世界経済破綻の防止，地球温暖化防止などの地球環境の維持・保全を実現するためには，

1) 強力なエネルギー消費の抑制
   - イ）省エネルギー技術の開発（当面の，ならびに本質的な省エネルギー技術の開発，p.4 ～ 5 および第 6 章参照）
   - ロ）省エネルギー政策の強化・推進（法制，税制，炭素税，エネルギー価格政策など）
   - ハ）省エネルギーの実行（ライフスタイルの転換など一般市民の協力，努力）
2) 化石燃料資源（石油，天然ガス，石炭，シェールオイルなど）の温存
3) 代替エネルギーおよび再生可能エネルギーの開発・改良の促進
4) 先進国以外の諸国（p.14 脚注参照）への支援（資金，技術，政策など．国際機関などによる支援）
5) 人間の意識転換，エネルギー・パラダイムの転換など（社会規範，環境・エネルギー倫理の改革，教育・啓蒙の推進など）

などの対策が不可欠かつ急務であることを強調しておきたい．

　21 世紀を明るい時代にするためには，一人一人がエネルギー需要の抑制に対して着実な実行をするとともに，国全体で，また国際的にも地球人が一体となって強力に推進しなければならない．なかでも，5) が最も基本的な対策であり，かつそ

の効果も大きい. 5) の結果として 1) が達成できるのである.

1・5・2　日本のエネルギー事情
A　日本のエネルギーの現状

　日本の一次エネルギーの需要量は，図 1・11 に示したように，現在約 19 エクサ
ジュール（原油換算 約 5 億 kL）である. 1960 年以前はわずかに原油換算 1 億 kL
以下程度であり，しかもエネルギー源の主体は石炭（**炭主油従**），電力源は水力で
あった. 1960 年代以降日本経済の復興，高度成長政策に沿って産業が発展し，エ
ネルギー需要が急増した. その後，1970 年代には世界的な**石油危機**の影響を強く
受けて，日本の産業も低迷してしまった. 石油危機を克服するため国をあげての省
エネルギーに努力し，また産業構造転換（軽薄短小，製品の高機能化，第三次産業
拡充など）にも努めた. その結果，その後の約 10 年間はエネルギー需要の伸びを抑
えることができたが，1980 年代後半以降，再びエネルギー需要が増加する好まし
くない状況（贅沢な生活，"消費は美徳" の文化，バブルの時代）が続いた. しか

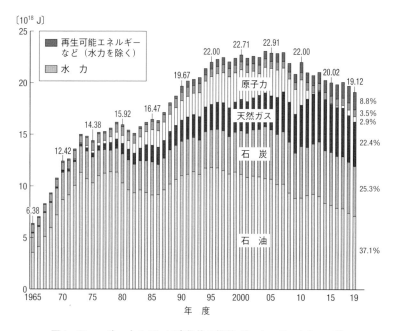

図 1・11　一次エネルギー国内供給の推移［"エネルギー白書 2021"］

し，平成不況の2000年代あるいは世界の不況（2008年9月のリーマンショック以降）の影響を受けて再びエネルギー需要は平坦になっている．この間，エネルギー転換が進み，エネルギー源の主体は石油（**油主炭従**），天然ガス，原子力へと移っていった．

　石炭（coal）は，国内炭の生産量が1960年をピーク（5992万トン）に減少し，海外炭（オーストラリア，カナダ，米国など）との価格競争に敗れ，1968年には国内/海外比が逆転するに至った．現在（2020年）は国内炭の生産量は約80万トンにまで減少し，輸入炭は180070万トンにまで増加した（§2·1·3）．

　石油（petroleum）は，その特性（液体の利便性，高カロリーなど），中東諸国の原油増産と低価格政策，あるいは日本の油主炭従政策などによって1961年以降は急激な伸びを示した．その後，OPEC（石油輸出国機構，コラム2）を主体とする世界の石油戦略，価格の高騰，石油危機（1973, 1979年）などの影響で需要は減少に転じたが，1990年以降には価格の低落とともに再び増加し，1994年にはピーク（約2.7億kL）に達した．需要の過大な増加は資源の枯渇，地球環境問題などの点から問題化しつつあったが，2000年代には石炭との価格競争に敗れ，石油の需要は再び低迷するようになった．日本の石油の需要量は2020年には約1.7億kL/年で，全エネルギー需要（一次エネルギー）の約37％を占めている．日本はこのように多量の石油を必要としているが（世界第4位の石油消費国，表2·6），石油需要量のうちの99.7％を海外に依存し，さらにそのうちの90％程度を中東地区に依存しているという，世界でも特異な状況にある．

　天然ガス（natural gas）は，LNG（liquefied natural gas，液化天然ガス）として1969年から輸入が開始され，電力，都市ガスなどを中心に広く用いられている．天然ガスの需要量は年間約7600万トン（2020年度）であり，そのうちの98％程度を海外（オーストラリア，マレーシア，カタール，ロシアなど）に依存している．天然ガスの需要は地球環境問題（二酸化炭素排出抑制）の関連もあり，需要が増加の一途をたどっている（§2·3）．

　電力（electric power）は，火力発電（石炭，LNG，石油），原子力発電，水力発電が主力である．1980年以前は石油火力が過半数（70％以上）を占めていたが，2019年の時点では石油火力約7％，LNG火力約37％，石炭火力約32％，原子力約6％，水力約8％，再生可能資源約10％となっている（図3·1）．原子力発電は1970年から商業発電が開始され，その後原子力発電所の増設などで順調に伸びてきたが，2011年の福島第一原子力発電所の大事故などの影響を受けて原子力発電

は今後の展開が見通せない状況にある.

　上記のように，**日本は世界第5位のエネルギー多消費国**であるにもかかわらず，多くのエネルギー問題を抱えている．たとえば，

1) エネルギーの海外依存度が約88%と諸外国に比べて著しく高い.
2) 世界第4位の石油消費国でありながら，石油の海外依存度は99%以上にも達している
3) 主要エネルギー源である石油の輸入先が特定の国，地域に偏っている(中東地区約90%，ロシアその他約10%，図2・18)

　このように，日本は先進国(p.14の脚注参照)の中では最もエネルギー危機に弱い体質であり，今後の強力なエネルギー政策の実行と，国民の同意・実行(たとえば省エネルギー努力，税の負担など)が必要である.

表1・6　日本のエネルギーバランス(2020年)

投入エネルギー(100%)		最終エネルギー(65%)	
石　油	37%	産　業	30%
石　炭	26	運　輸	16
天然ガス	22	業　務	8
水　力	3	家　庭	10
原子力	3	その他	1
再生可能エネルギー(水力を除く)	9	ロス(発電ロスなど)(35%)	

出典: "EDMC/エネルギー・経済統計要覧(2021年版)"ほかより.

　次に，供給されたエネルギー源(一次エネルギー)が，日本では二次エネルギー(最終エネルギー)としてどのように用いられているかを見てみる．まず，日本は一次エネルギーの供給量が原油換算5.1億kL(2020年)であるのに対して，最終エネルギー消費実績は3.3億kLであり，エネルギー有効利用効率は約65%でしかないことに注目したい．すなわち，導入した一次エネルギー(資源)のうちの35%程度が発電ロスなど(§3・3)として排煙あるいは冷却水の温度上昇となって失われている(表1・6)．一見便利でクリーンと思われている電力の利用が意外にもエネルギー資源の総合利用効率の低下を招いていることに注目したい．エネルギー利用効率の向上(§6・2・2)など省エネルギーにいっそう努める必要があることに気がつくであろう.

さらに，日本の部門別最終エネルギー消費の推移を図 1・12 に示す．消費量は 2000 年をピークに，景気の低迷や家電製品などのエネルギー効率の改善などもあって現在では原油換算 3.3 億 kL/年（2020 年）であるが，今後もこの状況が続くものと考えられている（図 6･10 など参照）．また，その構成は 1975 年以前には産業部門の比率が約 2/3 以上を占めていたが，1990 年以降は 50 % 以下にまで低下している*のに比べ，民生部門（家庭および業務部門）および運輸部門のエネルギー消費比率が年々増大していることが明らかである．

各部門の動向を見ると，産業部門では産業構造の転換，省エネルギーの普及などによるエネルギー効率の向上によってエネルギー消費が抑制されてきていることがわかる．民生部門では業務部門でのオフィスの高度情報化，過剰な冷暖房，三次産業の隆盛などによってエネルギー需要が増大している．また，家庭部門では世帯数の増加，世帯原単位の増加（贅沢な生活）によってエネルギー消費の増加が認められるなど問題が多い．また，運輸部門でも自家用車の増加，小口多頻度配送などに

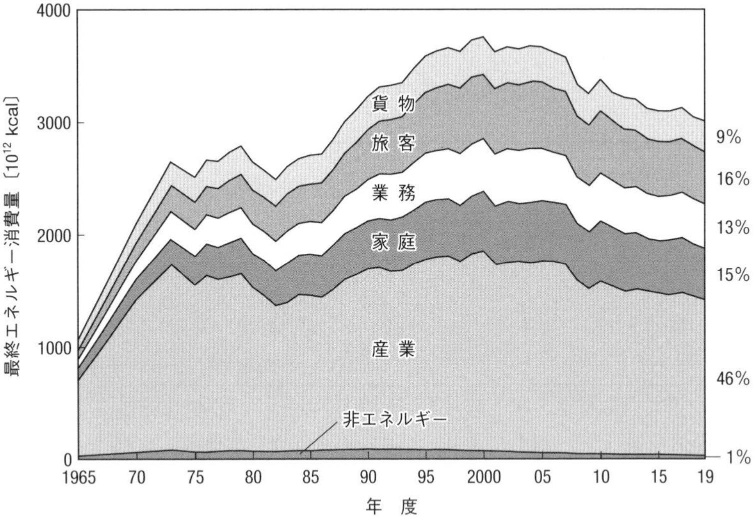

図 1・12 最終エネルギー消費部門別構成比の推移［"EDMC/エネルギー･経済統計要覧（2021 年版）"］

* 先進国における産業部門の最終エネルギー消費率はおおむね 30 % であり，日本の実績はまだ高いともいえる．

よってエネルギー消費が急増している．日本がおかれているエネルギー事情を考えれば，最終エネルギーの利用には多くの反省と改善努力が必要であろう（§6・4）．

B 日本のエネルギー需要の見通しと政策

　世界の持続可能な成長への動向，脱炭素社会へ向かっての動きの中で国際的なルールに対応して日本も体制を整備する必要がある．日本はパリ協定（コラム1）に基づき2030年には温暖化ガスの排出2013年度比26％削減，さらに2050年のカーボンニュートラル（p.27の脚注参照）を表明した．

　政府はこれに対応して2021年に**第6次エネルギー基本計画**を発表した．エネルギー政策の基本は上記の脱炭素社会への対応とともに，エネルギーの安定供給やコストの削減，国際的な競争力を高めるための脱炭素技術の推進やイノベーションにもいっそうの努力が必要として，

- 今後の各エネルギー源の位置づけ
- 化石燃料の供給体制の今後の在り方
- 火力発電（主として石炭火力）の今後の在り方
- 原子力政策の再構築
- 再生可能エネルギーの主力電源としての取組み
- 徹底した省エネルギー
- 2030年のエネルギー需要の見通し

などについて述べられている．

　これに対して政府は**グリーン成長戦略**として石炭をはじめとする火力発電の見直し（石炭火力の削減，アンモニア燃料を2030年までに火力発電の20％程度まで導入，水素燃料も2050年までに2000万トン導入）や風力発電の強化（洋上風力発電の能力を2030年までに1000万kW，2040年までには3000万〜4500万kWへ増強），原子力発電では安全な新型原子炉（SMRなど，第5章）の開発への国際協力など，自動車については2035年頃までに新車の100％電動化を目指し，また強力な省エネルギーの推進，住まいや移動のtotal managementその他の政策を打出している．また，これらの革新的技術の開発のために政府は10年間に2兆円*の異例の規模の基金を設定した．

　＊　洋上風力発電の低コスト化に約1200億円，次世代太陽電池の開発に約500億円，大規模水素供給の構築に約3000億円，製鉄プロセスへの水素活用に約1000億円，燃料アンモニアの供給網構築に約700億円，CO_2などのプラスチック原料化に約1200億円，次世代蓄電池，次世代モーターの開発に約1500億円，次世代航空機や船舶の開発に約600億円その他．

　これらの対策によって2030年における1次エネルギーの供給については図1・13(a) のように，発電電源の構成については図1・13(b) のように，また電源としての再生可能エネルギーについては表1・7のように見通しを示している．いずれのものも化石燃料の大幅削減，再生可能エネルギーへの大きな期待，原子力エネルギーの拡大が期待されているがその実現にはいくつかの問題（第2章）があろうかと思われる．

表1・7　電源構成における再生可能エネルギー源

			2020 年度	2030 年度
再生可能エネルギーによる発電量			約 1300 億 kWh	3300 ～ 3500 億 kWh[†]
内訳	水　力		37 %	29 %
	太陽光		42	39
	風　力	地　上	4	10
		洋　上		4
	地　熱		1	3
	バイオマス		16	15

† 政府が最大限野心的に推算した値.
出典：第6次エネルギー基本計画など.

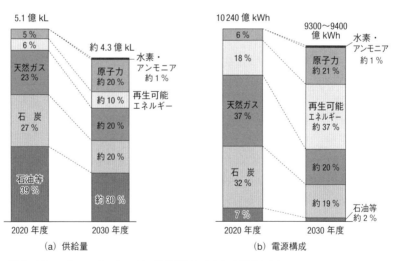

図1・13　日本の一次エネルギー供給見通し(a)と電源構成(b).
　　　　2030年度の割合は目標値を示す．[第6次エネルギー基本計画などを基に作成]

2

化石燃料エネルギー

　第1章で述べたように，18世紀の産業革命以来，産業の発展と市民の生活向上を支えてきたのは石炭，石油，天然ガスなど太古の時代から長い時間をかけて地球が育んできた**化石燃料**（fossil fuel）資源がもたらしたエネルギーであった．特に，20世紀以降の繁栄は化石エネルギーの利用なしには達成できなかったものであり，"20世紀は化石燃料の時代"であったといわれる由縁である．

2・1　石　　炭

　石炭（coal）は約3億年～約6000万年前（古生代石炭紀～新生代第3紀）に，地上あるいは湖沼に繁茂していた植物が地殻変動によって大地に埋没し，長期間にわたる加圧・加熱によって化石化（炭化）して生成したものである．したがって，世界各地の地殻変動地域に分布し，大量に存在している．

　石炭は安価であることを利点として，古くからエネルギー源（加熱用燃料，電力源，船舶などの運輸機関用燃料）のほか化学原料としても広く利用されたが，固体処理の問題（採掘，運搬，消費）や廃棄物処理（灰，排煙，排水処理）の煩雑さ，あるいは環境適合性（粉塵公害，SO_x，NO_x問題）などの欠点のため20世紀後半には一時石油との競争に負けエネルギー資源の首座を奪われた．その後，経済性（低価格）優位を活かして2000年代以降再び首位を守るようになったが，地球温暖化に伴う**カーボンニュートラル***の世界的要請を受けて石炭の消費は2030年頃をピー

---

　*　CO_2などの温室効果ガスの排出と吸収が相殺されている状態をいう．たとえば植物が燃焼されて発生するCO_2と光合成によってCO_2が吸収される場合や，人為的に企業が発生させたCO_2を何らかの方法（CO_2回収，植林の増加など）で相殺できるような状態をいう．

クに減少となる情勢にある.

　石炭は**取扱いが不便な固体**であること, 硫黄, 窒素, 灰分などの**不純物が多い**, **低カロリー**であることなどの欠点がある. しかし, 競争相手である石油資源には枯渇問題があること, また石炭には資源の豊富さ（表1・3）, 露天掘りなどのために安価に採掘できることなどが武器となって, 21世紀に入ってから一時期エネルギー資源の首座（有力な化石エネルギー源）に復活した.

2・1・1　石炭の種類と用途

　石炭は生成の時期（地質学）, 産地（地域性）などによって多くの種類があるが, 石炭化度, 揮発分の量, 発熱量によって無煙炭, 瀝青炭, 褐炭, 亜炭, 泥炭などに分類されることが多い（表2・1）.

表2・1　石炭の分類と性状[†1]

分　類		発熱量[†2]〔kcal/kg〕	燃料比	粘結性	揮発分[†3]（%）	炭素含有率[†4]（%）
炭質	区分					
無煙炭（A）	A₁	—	4.0 以上	非粘結	0 ~ 10	> 91
	A₂				10 ~ 20	
瀝青炭（B, C）	B₁	8400 以上	1.5 以上	強　粘	20 ~ 40	87 ~ 91
	B₂		1.5 未満		40 ~ 51	
	C	8100 以上 8400 未満	—	粘　結	40 ~ 50	83 ~ 87
亜瀝青炭（D, E）	D	7800 以上 8100 未満	—	弱粘結	43 ~ 50	80 ~ 83
	E	7300 以上 7800 未満	—	非粘結	45 ~ 60	78 ~ 80
褐　炭（F）	F₁	6800 以上 7300 未満	—	非粘結	50 ~ 60	70 ~ 78
	F₂	5800 以上 6800 未満	—		50 ~ 60	< 70

†1　本表は JIS（JIS M1002）による分類表である.
†2　発熱量(補正無水・無灰ベース)=|発熱量 /(100−灰分補正率×灰分−水分)|×100
†3　揮発分とは, 925℃における無水・無灰ベースでの加熱減量を示す.
†4　炭素含有率(JIS 規格外)は無水・無灰ベースでの代表値である.

　無煙炭（anthracite）は最も石炭化度が進んだ高級炭（石炭化度90%以上）であり黒色, 金属光沢を有する（かつては"黒いダイヤ"とよばれた）. 揮発分が少なく無炎燃焼するので家庭用燃料（練炭など）その他として珍重されるほか, 電極用, 化学原料などとして用いられる. 着火温度は約 450 ~ 500℃と高い.

瀝青炭（bituminous coal）は最も一般的なものであり，"石炭"といえば一般には瀝青炭をさすことが多い．石炭化度 75 % 以上，着火温度 330 〜 400 ℃ である．強粘結性のものは製鉄用コークス原料として用いられ，弱粘結性のものは都市ガス，一般燃料用などとして用いられる．

亜瀝青炭（subbituminous coal）は石炭化度 70 % 以上のものであるが，粘結性は弱く，一般の燃料用に用いられる．

褐炭（brown coal）および**亜炭**（lignite）は，資源量は多いが未成熟（石炭化度 70 % 以下）であり，水分も多く，発熱量が低い．着火温度が 250 ℃ 程度であり自然発火性がある．一般用燃料として用いられることがある．

泥炭・草炭（peat）は石炭化初期のものであり未成熟でフミン質が多く，発熱量も低いので工業用には適していない．水分が多いので加圧脱水，乾燥，成型したのち欧米では家庭用燃料などに用いられることがある．

石炭の工業的な品質を定める項目（工業分析値）には水分，揮発分，固定炭素量，灰分，発熱量，粒度，比重，コークボタン数などがある．発熱量には高発熱量と低発熱量がある[*1]．

石炭は，また用途によって原料炭，一般炭，また一部には無煙炭とよばれることがある．**原料炭**とは粘結性が高くコークス製造用（製鉄用，副生ガスは都市ガスに利用）に用いられるものをいう．**一般炭**とはボイラー，発電，セメント製造などの工業用，あるいは家庭用燃料などに用いられるものをいう．

上記のように石炭の用途は，エネルギー源（熱源，電力源，船舶などの輸送機関用燃料）としてのみでなく，化学用原料（製鉄用コークス，合成ガス，アンモニア，ベンゼン，フェノールなどの種々の石炭化学製品，医薬品，染料そのほか）としての用途が広く，有効な利用が期待される．

2・1・2　石炭の成分

石炭の分子構造は産地，種類などによってかなり異なるが，概念的には図 2・1 に示したように重縮合した芳香族炭化水素骨格を有する高分子炭化水素が中心となっている．環の縮合度は炭化度が高いもの（たとえば無煙炭）ほど高く，H/C 比が低くなる[*2]．

[*1] 高（位）発熱量（kcal/kg）；$Q_H = 8100 C + 34000(H - O/8) + 2500 S$　C, H, O, S は各々の重量
低（位）発熱量（kcal/kg）；$Q_L = Q_H - 600(9 H + w)$　　w = 含水量
[*2] 石炭の H/C（原子数比）は無煙炭で 0.23，瀝青炭で 0.9，褐炭で 1.1 程度である．石油の平均 1.6（パラフィン 2.0 〜 ベンゼン 1.0）に比べて縮合度が高いことがわかる．

　石炭は，固形分と揮発分から成り，乾留によって固形分（コークス，coke）とガス，軽質油（フェノール油，ナフタレン油など），タール（tar）などになる．石炭の組成は，一例を表2・2に示したようにC, HのほかにO, S, Nなどを多く含んでいる．天然ガスや石油に比べてO, N, 灰分，水分が多く地球温暖化などの環境負荷に問題がある．種々の発電方式におけるCO$_2$排出量の差の一例を図2・2に示す．

表2・2　石炭の組成例（wt%）

炭　素（C）	65　〜 85
	（70 〜 75，瀝青炭）
水　素（H）	4　〜　5
酸　素（O）	6　〜 10
硫　黄（S）	0.5 〜　0.6
窒　素（N）	0.5 〜　1.0
灰　分	15　〜 16
水　分	3　〜　5

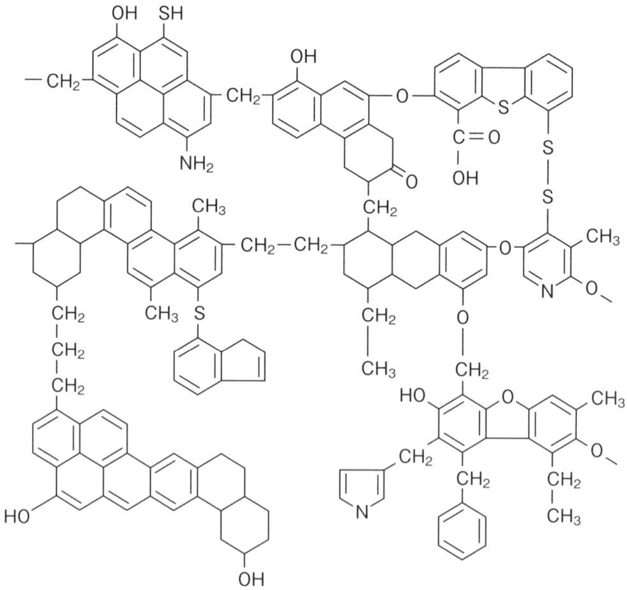

図2・1　石炭の分子構造例

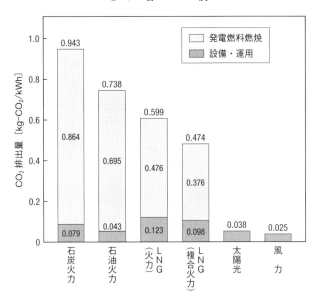

図2・2　ライフサイクル全体で発生するCO_2排出量の比
較（石炭採掘から輸送，設備建設，使用などのた
めに消費される全エネルギーを対象とするもの）
[電力中央研究部2010年報告書]

2・1・3　石炭の資源量と消費量

　全石炭の究極埋蔵量は表1・3に示したように約11兆トン，有用な高品位炭はそ
のうちの約5兆トンであるといわれているが，そのすべてを利用できるわけではな
い．褐炭，亜炭などの低品位炭も含め全石炭の確認可採埋蔵量は2020年現在約
10700億トンであるが，われわれが日常使用している**高品位炭**(無煙炭および瀝青炭)
の量は約7500億トン（寿命約95年相当）しかないことに注目しておく必要がある．

　石炭資源の分布は図2・3に示したように米国，ロシア，オーストラリア，中国，
東ヨーロッパなどに偏在している．

　世界の石炭の生産量（需要量）は2000年頃までは45億トン/年程度であったが，
その後需要の増加とともに増産となり2020年頃には80億トン/年程度までになっ
ている．このうち中国（50 %），インド（10 %），米国（8 %）などの国が生産・消
費ともに多くを占めている．

　日本の石炭需要量は図2・4に示したように推移しており，2010年度は約1.9億トンとなっている．このうち国内炭の生産量は年々減少し，2020年には約80万トン/年程度にまで減少してしまい，需要のほぼ100％を安価な輸入炭に依存するようになっている．海外炭の輸入先は，表2・3に示したようにオーストラリア，イ

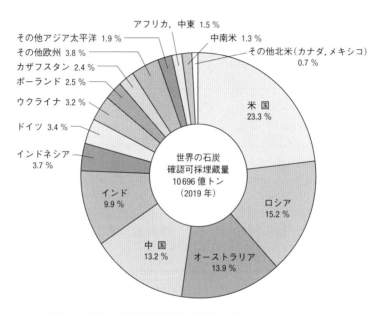

図2・3　世界の石炭確認可採埋蔵量分布　［"エネルギー白書2021"］

表2・3　日本の国別石炭輸入率（2019年度）

	一般炭（％）	原料炭（％）
オーストラリア	68.0	45.3
インドネシア	12.4	22.6
ロシア	11.9	6.8
米　国	3.7	12.3
カナダ	2.0	9.7
その他	2.0	3.3
合　計	100 ％	100 ％
	（11 000 万トン）	（7070 万トン）

出典："エネルギー白書2021".

ンドネシア，ロシアなどとなっている．

　日本の石炭の用途は図2・5に示したように2003年以降電力用が鉄鋼用（コークス）を凌駕するようになっている．

〔万トン〕

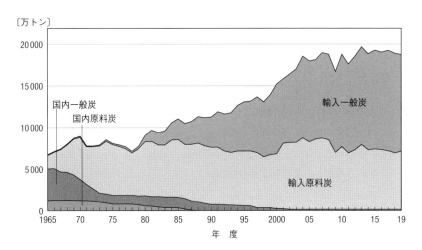

図2・4　日本の石炭需要量の推移［“EDMC/エネルギー・経済統計要覧(2021年版)”］

〔百万トン〕

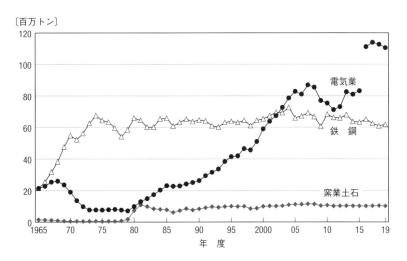

図2・5　日本の石炭の用途別消費量の推移［“エネルギー白書2021”］

2・1・4 石炭の利用法

石炭は通常は**固体**（塊状あるいは粉体）として用いることが多いが，固体としての輸送，貯蔵などに問題がある場合には一度**液化**，**ガス化**して用いることもある．

A 固形石炭の直接利用（エネルギー源）

ボイラー，加熱炉，あるいは石炭火力発電所など一般燃焼炉の熱源として用いられる場合には，火床（鉄格子，ロストル）の構造，寸法に応じた一定品質（粒度，硬さ，粘結性など）の塊状固体が用いられる．燃焼炉への塊状石炭の投入は連続ストーカーによることが多い．

大型の燃焼炉（石炭火力発電所など）では，石炭運搬の利便性，火床の制御性（自動化，燃焼管理の徹底）などのために粉砕した微粉炭を流動床燃焼炉で用いることがある．その例としては，**加圧流動床複合発電**（PFBC）*，高度加圧流動床複合発電（A-PFBC）*などをあげることができる．

B 石炭の液化利用（人造石油）

塊状の石炭の貯蔵，運搬には種々の問題〔広大な貯炭用地（coal yard）の確保，自然発火防止対策，粉塵公害防止対策，パイプ輸送困難など〕があり，また自動車，航空機用などの燃料としての直接利用も困難である．このような目的のためには，**石炭液化**（coal liquefaction）技術を利用することがある．石炭液化を最初に大規模に実施したのは第一次世界大戦下のドイツであった．

石炭の直接液化法としては，ベルギウス（Bergius）法（ベルギウス水素還元法；鉄系触媒使用，500〜700℃，700気圧．液化油の収率は50〜60重量%程度）が有名である．石炭直接液化プロセスの概要の一例を図2・6に示す．石炭の液化（人造石油）は経済的には問題が多いが，石油資源枯渇後の液体燃料の供給法として有力な手段であり，現在も技術の改良研究（米国SRC-Ⅱ法，H-Coal法など）が続けられている．経済性の向上，触媒の改良，反応条件の緩和，製品の品質向上などの目的で溶媒抽出液化法（米国SRC-Ⅰ法，EDS法など：350〜500℃，250気圧），水素供与性溶剤使用法（日本NEDOL法：二段水素添加，鉄系改良触媒，液化率55%程度）などの研究開発も進められた．

---

* 1996年PFBCの稼働開始．微粉炭使用，炭種不問，負荷追従性良好，複合発電により高効率（43%）．A-PFBCは，さらなる高効率化（約46%），ガスタービン入口温度の高温化（約850℃→約1350℃）を目指して開発された．

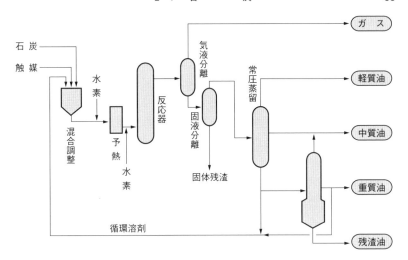

図 2・6　石炭の直接水素化液化プロセスの基本的構成

　石炭の液化法としては**間接液化法**（合成石油法）もある．たとえば，石炭から合成ガスを経由してガソリン，軽油などを合成する方法〔フィッシャー-トロプシュ（Fischer-Tropsch）合成法，MTG 法など；250 ～ 350 ℃，20 ～ 70 気圧〕である．ドイツ，ニュージーランド，南アフリカなどで実施されたこともあるが，経済性には問題があり，現在も継続しているのは国策として実施している南アフリカ（Sasol社）のみである．

　上記のように，石炭を液化して用いる方法は技術的にはほぼ完成しており，利便性が高い液体燃料製造法としては有意義であろう．しかし，石炭液化に直接必要なエネルギーのほかに，液化用水素の製造用エネルギー，そのほか動力用発電エネルギー消費などがあることを考慮すれば液化製品を得るためのエネルギー効率は約50 ％程度でしかない．このようなことを考えれば**石炭液化は経済的にも，環境論的にも無駄が多い**．石油などの液体燃料が枯渇した時点での輸送用燃料製造など，必要最低限にとどめるべきであろう．

C　COM, CWM

　上記のように，石炭の利用法としては利便性が高いがエネルギー効率が低くコストも高い石炭液化利用法の欠点を回避する方法として，石炭を擬似流体化して利用する方法がある．その一つである **COM**(coal oil mixture) は微粉化した石炭に約

50 %の重油を混合したスラリーであり，CWM（coal water mixture）は微粉炭と25〜35 %の水に貯蔵安定性を配慮して界面活性剤，安定剤を添加したものである．これらは液体燃料として重油と同程度に扱うことができ，輸送，運搬，貯蔵，利用（負荷変動調整が容易）などの点で便利であるが，生産体制の不備（中国〜日本間の特定ルートで一時実施）などのためにあまり普及していない．なお，CWM に含まれる水分の蒸発に要するエネルギーは石炭発熱量の約 3 %程度であり，あまり問題ではない．水分が共存するために NO$_x$ 対策として効果があるともいわれている．

D　石炭のガス化利用法

　石炭の利用の利便性を考えてガス化して用いる**石炭ガス化**（coal gasification）法もある．石炭をウィンクラー法（Winkler process；発生炉ガス，水性ガスなどの製造法）やルルギ法（Lurgi process；移動床炉による合成ガス製造法），あるいは連続ガス化炉，噴流床炉（図 2・7）などを用いて完全ガス化し，燃料ガス，化学合成用ガスなどとして用いる．そのほか，炭層を直接ガス化する方法（地下ガス化法）[*1]，石炭ガス化複合発電（IGCC[*2]）などもある．

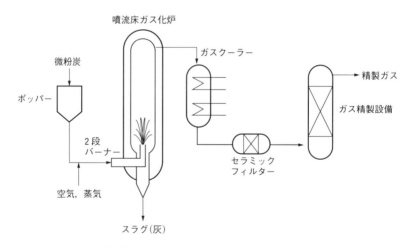

図 2・7　噴流床ガス化設備の概念図［NEDO 資料などを参考に作成］

[*1]　石炭を地中で燃焼分解してガス（H$_2$，CH$_4$，CO など）として取出す UCG 法（underground coal gasification）なども研究されているが，地下水汚染などの問題もあり課題が多い．

[*2]　IGCC: integrated coal gasification combinated cycle．発電効率 40〜55 %，日本（勿来発電所など），米国，スペイン，中国などで開発中．

E　化学原料としての石炭利用

　石炭は鉄鉱石の主要な還元剤〔コークス（coke）〕，多くの基礎化学原料（水素，合成ガス，ベンゼン，フェノール，ナフタレンなど），溶剤類，あるいは都市ガス原料などとして重要な役割を果たしている．

　コークスは石炭を高温乾留（1000〜1100℃）することによって得られる（表2・4）．乾留の際に得られる副生ガス（一例では水素53％，メタン31％，一酸化炭素7％，その他エタン，エチレンなどを含む）は高カロリーであり都市ガスなどに利用される．副生する乾留油は表2・5に示したように多くの有用化学品を含んでおり医薬，染料，合成樹脂などの石炭化学原料として用途が広い．

　そのほか，石炭はD項で述べたように，ウィンクラー法やルルギ法によって発生炉ガス（高CO含有ガス），水性ガス（H_2, CO を含む混合ガス），あるいは合成ガス（CO, H_2 を主成分とする混合ガス）をつくり，化学基礎原料である水素，アンモ

表2・4　石炭乾留における生成物

生成物	生成物収量	
	高温乾留 （約1000℃）	低温乾留 （約600℃）
コークス（％）	65〜75	65〜75
タール（％）	5〜6	10〜15
乾留油（％）	7〜10	6〜10
硫　安†〔kg/t〕	10〜14	3〜5
ガス〔m^3/t〕	250〜360	110〜170

†　発生する NH_3 を H_2SO_4 で処理して得る．
出典：塩川二朗ほか著，"工業化学"，p.207，化学同人(1987).

表2・5　石炭乾留油とその成分

留　分	沸点(℃)	重量(wt％)	おもな成分
軽　油	80〜180	＜3	ベンゼン，トルエン，キシレン
フェノール油	〜210	＜3	フェノール，クレゾール
ナフタレン油	〜230	10〜12	ナフタレン，キノリン
洗浄油	〜290	7〜8	
アントラセン油	〜400	20〜28	アントラセン，クレオソート
残渣（中ピッチ）	＞400	50〜55	ピッチ（縮合多環芳香族化合物）

出典：塩川二朗ほか著，"工業化学"，p.208，化学同人（1987）など．

ニア，メタノール，酢酸などの製造に広く用いられており，さらには C_1 化学技術*によってガソリンなどの合成石油の製造にも利用されている．

2・2　石　　油

　石油は，輸送・貯蔵など取扱い上の**利便性が高い液体**であること，**高カロリー**であり，石炭に比べて**低公害性**（低窒素，低灰分）であることなどの利点に加え脱硫・脱硝などの**公害対策技術の進歩**，さらには原油開発の促進による大量生産と**低価格戦略**の成功などによって20世紀後半には世界のエネルギー源，化学原料としての首座を石炭から奪い取った．

　20世紀後半の社会は衣食住のすべてを石油に大幅に依存したが，石油資源の有限性から21世紀後半には枯渇，価格高騰のおそれなど多くの問題を抱えている．

2・2・1　石油の歴史と原油の生産法

A　石油の歴史

　石油は，中生代から新生代（約1億2000万年～約5000万年前）にかけて動植物，プランクトンなどの死骸が海底に堆積し，長期間にわたる地圧と地熱によって分解した結果生成したという説（**生物成因説**）が多く支持されているが，その他の説（たとえば自然成因説）もある．

　石油は古代（紀元前3000年頃のメソポタミア，紀元前1500年頃のエジプトなど）から，医薬，防腐剤，建築資材，船舶塗料，宗教儀式品などとして用いられていたことが旧約聖書（ノアの箱船の例など）や古文書などからうかがえる．日本でも，日本書紀に"燃える水"といった言葉がみられる．

　商業石油としての利用（当初は鯨油代替灯油）は，1859年 E.L.Drake による米国での油田（ペンシルベニア州タイタスビル）の開発成功が最初であった．その後1910年代以降は，急速に成長した**メジャー石油会社**（国際石油資本，コラム2）による世界制覇が続いた．メジャー石油会社の暗躍に対抗して，資源ナショナリズムに基づく産油国の権利の主張と資源保護意識の高まりから1970年代には OPEC（石油輸出国機構，コラム2）の台頭があり，油田あるいは石油会社の国有化，石油禁輸戦略などが横行した．この結果，原油価格の異常な高騰があり，産油国への資

　＊　一酸化炭素，メタン，メタノール，ホルムアルデヒドなどの炭素1個から成る化合物から，炭素2個以上を含むアルコール類，グリコール類，有機酸などの化成品，あるいは合成石油類などの付加価値が高い化学製品を製造する技術．C_1化学技術の粗原料としては，石炭，石油残渣油，重質油資源（§2・4）などを分解したガス，天然ガスなどが用いられることが多い．

金の過度な集中による世界の金融混乱，世界経済の破綻，非産油発展途上国の疲弊などの弊害が発生した（石油危機）．

　1980 年代後半以降になると，産油国の増産意欲（収入増加の期待）と原油需要の停滞（原油価格高騰の反動）の不均衡，OPEC 加盟国と非 OPEC 加盟国（北海油田

コラム2　メジャー石油会社と OPEC

　メジャー石油会社とは，強力な資本力，技術力，販売力によって世界規模で活躍する巨大国際石油資本（会社）をさす．石油メジャーは 1900 年代にロックフェラー，ロスチャイルド，ノーベルなどの創始者により始められた Esso，Mobil，Gulf，Texaco，Socal(Chevron)，BP，Shell などの石油大企業であった．1910 年代以降になると，これらの会社はカルテルを組んで暗躍し，世界の原油市場，製品市場を独占支配し，巨万の富を築いた．さらに資金力を駆使して石油以外の事業にも進出した．これらの 7 社は "Seven sisters" とよばれ，世界の経済界で恐れられていた．

　国際石油資本の横暴に挑戦したのが OPEC(Organization of the Petroleum Exporting Countries，石油輸出国機構）である．OPEC は石油メジャーの束縛からの解放を狙い 1960 年にサウジアラビアなどによって結成された．現在は，サウジアラビアをはじめとして 13 カ国（2020 年）が加盟している．

　OPEC が石油メジャーの資源収奪（低価格政策，2 米ドル/バレル以下）の束縛から逃れるまでには種々の経緯があり，実力を発揮できるようになったのは 1970 年以降であった．この間，OPEC は油田・産油会社の国有化，原油の供給制限，原油価格の急激な値上げ（図 2・8 参照）などの急進的な改革を行い，莫大な資金を手中にした．しかし，このような活動が 1973 年および 1979 年の二度にわたる世界の石油危機（oil crisis，オイルショック）をひき起こし，エネルギー供給の停滞による世界の産業活動の低迷，金融の不均衡など世界経済の危機を招いた．また，石油を産出できない先進国以外の国の疲弊や先進国（石油消費国）の反発などを招き，さらに非 OPEC 加盟国（米国，カナダ，ノルウェー，英国など）の原油生産量の増加や原油需要の低迷などによって原油価格の低下を招いてしまった．これらの結果，OPEC 自身の収入減を招き，しだいに原油市場での支配力，世界経済への影響力などを弱くしてしまった．なお，2020 年には，OPEC の原油資源保有率は世界の約 70 %（約 1.2 兆バレル）を占め，原油生産量も世界の約 40 %となっている．

　また，産油国として OPEC 加盟国の活動に原油価格の安定を計るとして協力するロシアなど 10 カ国が 2016 年に OPEC 加盟と協力関係をとると宣言し "OPEC プラス" というグループをつくっている．

など）の競合などがあり，現在のような市場経済主義に基づく自由市場としての秩
序が保たれるようになった．しかし，石油需給の不均衡，資源の枯渇，投機資本
（余剰資金）の流入，世界経済の不況（2008 年のリーマンショック），パンデミック
〔2020 年からのコロナ禍，ロシアのウクライナ侵攻（2022 年）〕などによって再び原
油価格が乱高下するようになり（図 2・8），世界経済に混乱を起こす要因となった．

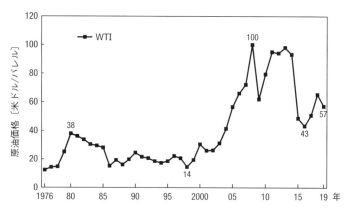

図 2・8　国際原油価格の推移［"エネルギー白書 2021"］
（WTI は米国産代表原油 West Texas Intermediate の略称．世界
の原油価格の一つの基準として用いられている）

B　石油の探査法

　石油は地中の特殊な地層構造（背斜構造，そのほかさまざまなものもあり）の中
にあり帽岩と不透水層に挟まれた地層中（図 2・9）の空隙部（砂礫層）にガス，塩
水とともに存在する．

　このような油田を発見するための探査法としては，古代から近代までは油徴法
（外観目視法）によっていたが，現在では地震探査法，重力探査法，磁気探査法，リ
モートセンシング法，航空機や人工衛星を利用する方法などの先端技術が応用され
ている．油田が発見されると試掘（ボーリング試験，コアーテストなど，深度
2000 ～ 3000 m で 10 億～ 20 億円/基 必要）が行われ，油田の規模，分布などが検
証される．試掘の成功率は 20 ～ 30 ％程度と低い．油田の経済性が確認されると，
初めて油井の掘削，油田開発が進められる．油田の開発に至るまでには長い年月と
多大な労力・資金を要し，しかもその成功率は 2 ～ 4 ％程度であるといわれる投機

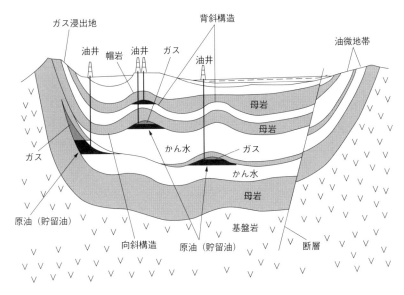

図2・9　地層断面と原油の存在状況（概念図）

的で危険な事業である．油田開発は極地においても，また陸上のみならず海中（海上油田，フローティングデッキによる）でも行われている．

C　原油の生産法

　原油を生産・供給するためには，油田の探査，試掘に始まり，生産施設(生産井，脱塩・脱ガス設備，タンクなどの貯蔵設備)や，採掘した原油の輸送設備（パイプライン，中継ポンプステーション）や出荷のための設備の建設，配送体制の整備（長距離パイプライン網，原油タンカー）などが必要であり（図2・10），長い期間と多大の資金が必要である．

D　油田の掘削，原油の採油，輸送法

　油田の存在が確認されると油井の掘削が始まる．掘削は泥水（潤滑剤）を注入しながら掘削具（ビット）の回転によって行われる（図2・11）．深さは油田によっては数千メートルに及ぶこともあり，直掘りのみでなく曲線掘りも行われる．油層の圧力が高い場合には原油が噴出（自噴）することがある．大型で自噴する油田（中東油田，北海油田など）では，採油量制御装置（俗称"クリスマスツリー"，噴出圧

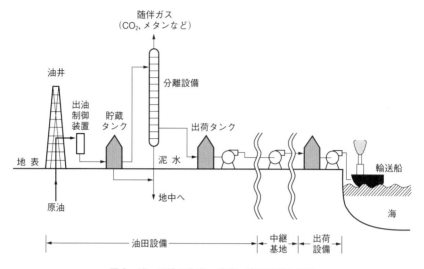

図2・10　原油の生産，貯蔵，輸送設備の概要

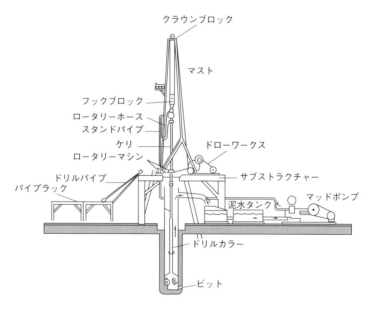

図2・11　油井掘削設備（ロータリー式）の概要
　　　　［コスモ石油㈱資料より］

力・流量自動制御装置）によって適量を採油する．自噴をしない小規模油田では機械的汲み上げ（電動ポンプによる；米国，中国など）が行われる．

　油層中にある原油は周囲の土壌（砂礫層）に付着しているので，油層中の原油のすべてを採油することはできない．上記のような方法を1次回収法という．1次回収法で採油できるのは埋蔵量の15〜30％程度である．

　1次回収法で採油できなかった原油（老朽油田）は，増進採油法（EOR: enhanced oil recovery）として油層に水，随伴ガスなどを圧入する2次回収法（水攻法，ガス圧入法）によって回収率の向上（埋蔵量の30〜40％程度まで）が図られる．さらに回収率を高めるためには3次回収法が試みられる．3次回収法には，火攻法〔空気を油層中に圧入して，油層内で石油の一部を燃焼ガス化して，内圧を上げるとともに石油の流動性（粘度）を改善する〕，ケミカル攻法（溶剤，界面活性剤などを油層中に圧入し界面張力の低下，流動性の改善を図る），あるいはバイオ回収法（油層中にバクテリアを注入し原油の分解による軽質化，低粘度化を図る）などがあり，そのほかさまざまな方法について研究開発が進められている．1〜3次回収法によって埋蔵量の60％程度まで採油することもできるが（すなわち油層中には約40％の原油が採油できずに残る），3次回収まで行うのはコストも高く，経済性を考慮する必要がある．

　上記のように採油された粗原油には，水分（塩水）および随伴ガス（二酸化炭素，

写真2・1　大型原油輸送用タンカー〔石油連盟提供〕

メタン，エタンなど）が含まれている．このため，出荷前には図2・10に示したように脱水，脱ガス処理が行われる．

　生産された原油の輸送は，陸上ではパイプライン輸送（北米，東欧，中東などの内陸部ではパイプラインの距離は数千kmにも及ぶ．パイプの直径は25〜40インチ），海上では大型タンカー（中東〜日本間，アフリカ〜ヨーロッパ間など）によって行われる．輸送費の合理化のためにタンカーの大型化，高速化，自動化（船員削減）などが進行している．VLCC(very large crude carrier) 級では積載量20万〜30万トン（幅60 m，長さ300〜390 m，たとえば写真2・1），船速は15ノット（25 km/h）以上で中東〜日本間を片道20〜25日（マラッカ海峡経由）で往復している．なお，タンカー事故による海上油濁防止のため，新造船には二重船底構造などが義務づけられている．

2・2・2　石油の資源量

A　資源の総量

　石油資源の残存量は一般にはあと約1.7兆バレル（表1・3の確認可採埋蔵量，約2700億kL，約2500億トン，寿命約50年相当）といわれているが，資源量には種々の定義がある．資源量の概念を図2・12に図示した．地質学的に地球上にあると推定されている石油資源量（① 原始埋蔵量）は約7.5兆バレル（約1.2兆kL）といわれている．このうち回収できると考えられている量（② 究極可採埋蔵量：⑥＋

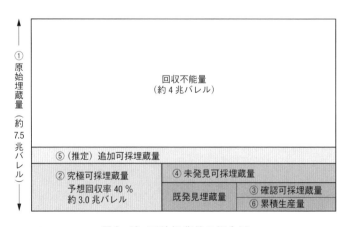

図2・12　石油埋蔵量の概念図

③＋④＝①×回収可能率）は約3兆バレル*である．さらに，このうち採掘の可能
性が確認されている量（③ **確認可採埋蔵量**）は約1.7兆バレル（2020年）である．
このほかに，まだ発見されていない④ 未発見可採埋蔵量，あるいは採油技術の向
上によって予想される⑤ 追加可採埋蔵量（推定約0.4兆〜0.6兆バレル）などがあ
る．これにすでに消費してしまった資源量（⑥ **累積生産量**，約1.1兆バレル）を加
算した総量（②＋⑤）が，われわれが利用しうる石油資源の総量である．

　このように考えると，今後回収率の大幅向上がないかぎり人類が手にしうる石油
の総量は3.0兆バレル前後にとどまるであろう．原始埋蔵量（約7.5兆バレル）との
差は，地球上に存在していても，現実には技術的，経済的条件（採油コストとその
時点での原油価格差）によって回収不可能な量である．しかしこの量は，今後の原
油回収技術（EOR, p.43参照）の進歩，将来の経済状況（21世紀末頃の石油資源枯
渇期に起こるであろう原油の価格高騰による採算性向上），あるいは近年進展して
いる再生可能エネルギー開発の進捗度（再生可能エネルギーと石油の価格競争のい
かんによる）などによっては変動するであろう．

B　石油資源の寿命

　石油の可採年数，すなわち寿命は表1・2の注に記したように確認可採埋蔵量を
年間生産量で割った値で示される．したがって，石油の寿命は年々変化しており
1960〜1970年代には寿命は30年前後といわれていたが，1980年代以降のように
原油開発が盛んで確認可採埋蔵量が増加し需要（採油量）の増加を上回っていた時
代には，石油の寿命が年々延びる傾向があり（図2・13），現在は50年前後といわ
れている．

　2020年時点で，表1・2に示したように**石油の寿命は50年前後**といわれている
が，今後世界の原油需要の低迷傾向やそれに伴う原油開発意欲の減少などを考える
と石油の寿命に変化が見られるであろう．

　石油の寿命を延長するためには，探査技術の向上による確認埋蔵量の増加や原油
回収技術の向上（EOR, 60％以上）による原油の増産（究極可採埋蔵量の増大）な
どの技術的対策のほか§1・5（図1・10）で述べたような，強力な**石油消費の抑制策**
（省エネルギーなど，第6章）と**石油代替エネルギー・再生可能エネルギーの開発促**

---

* 　バレル(bbl)とは，§1・3・2に記したような石油の工業的慣用単位（1 bbl＝0.159 kL）であ
る．究極可採埋蔵量は約3.0兆バレル，確認可採埋蔵量は約1.7兆バレル，累積生産量は約1.1兆
バレルと報告されている（2020年）．しかし各々の値は，学者あるいは時代などによって変動が
ある．

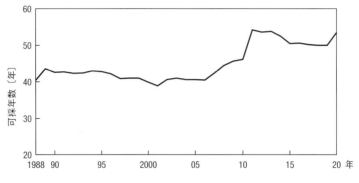

図 2・13　原油の可採年数（寿命）の推移［"BP 統計 2021" を基に作成］

進，そしてわれわれ地球人一人一人の地球温暖化防止に向かってのカーボンニュートラル（脱炭素）社会などへの意識の変革，努力と実行が不可欠であることを強調しておきたい．

　なお，再生可能エネルギー（地熱，太陽，風力，バイオマスなど，第 4 章）の開発が急がれる理由は，地球温暖化対策であるとともに化石燃料が残存しているうちに代替エネルギーの実用化開発を完了しておかねばならないからである．これらの代替エネルギー（自然エネルギーなど）が実用化され，十分な量の確保に至るまでには長い時間を要するであろう．それまでの時間内に，何とか環境汚染が少ない化石燃料（石油，天然ガスなど）の残存量，寿命を延長しておかねばならない．なお，再生可能エネルギーには量的，時間的制約がある点も要注意である（第 4 章）．

C　石油資源の分布

　石油資源は図 2・14 に示したように，地球上の特定の地域，特定の国に偏在している．

　各地域ごとの資源量と生産量のギャップ，さらには地域別石油需要（§2・2・4）などを見ると，西欧，アジア地域などの消費国では石油資源の減少があり，また需給上も石油不足（輸入の増大）傾向にある．また中東，アフリカ，中南米地域の産油国では石油余剰が顕著である．このような資源の偏在（産油国）と，消費地域における需給のアンバランスが世界の秩序を乱すもととなることが多い．これが石油の南北問題，資源争奪戦（石油戦争）の原因となっており，宗教問題も含め世界政治に混乱が生じると大きな問題をひき起こす可能性が潜んでいる．

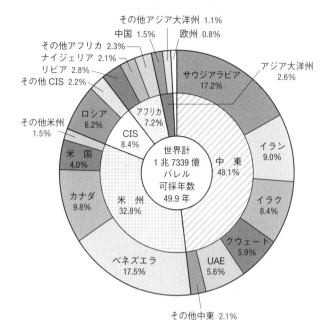

図 2・14　原油の国別確認埋蔵量（2019 年末現在）. CIS は独立国
家共同体（表 1・3 の表注参照）.［“エネルギー白書 2021”］

2・2・3　石油の産地と生産量

　世界の原油生産量は, 図 2・15 に示したように, 1960 〜 1970 年代には旺盛な需
要に応じて, 右上がりに急激に増加していった. 1970 年代の世界の石油危機の際
にいったん原油生産が低迷した時期があったが, 1985 年以降, 再び増勢に転じて
いる.

　世界の原油生産量はさまざまな要因によって変動するが, 2019 年時点で約 9500
万バレル/日（約 55 億 kL/年）に達している. 地域別および国別の産油量を見ると, 図
2・16 に示したように世界の産油量の 30 % 強が中東地区から産出されている. 国
別では, 米国が 2016 年以降サウジアラビアを上回って世界最大の産油国となり*,
ついでサウジアラビア, ロシアなどが巨大産油国である.

　＊　サウジアラビアが OPEC の協調原油生産（価格維持のための生産抑制など）する一方, 米国は
　　原油採掘法の改良（水平リグ方式）やシェールオイル（§2・4・1）の増産を行った結果である.

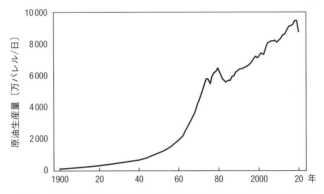

図 2・15　世界の原油生産量の推移［“BP 統計 2021”を基に作成］

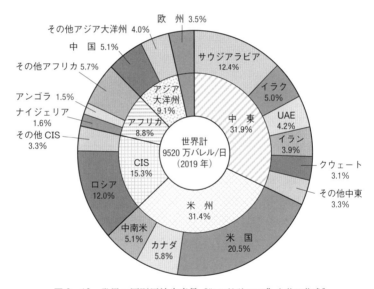

図 2・16　世界の国別原油生産量［“BP 統計 2020”を基に作成］

2・2・4　石油の消費量

A　世界の石油消費量

　世界の石油消費量は 2020 年時点で年間約 46 億 kL（約 43 億トン）である. 表2・6 に示したように米国の消費量が突出しており, 世界の石油の約 1/5 を消費していることがわかる. そのほか中国（コラム 3）, インド, サウジアラビア, ロシアなど

表 2・6　世界の石油消費量 (2018 年)

	石油消費量[†1]〔百万トン/年, (%)〕		人口[†2]〔百万人〕	1 人当たり〔トン/人・年〕
米　国	893	(20.1)	327	2.73
中　国	628	(14.5)	1393	0.45
インド	237	(5.5)	1353	0.18
日　本	176	(4.1)	127	1.39
サウジアラビア	156	(3.6)	35	4.46
ロシア	146	(3.4)	144	1.01
ブラジル	141	(3.3)	209	0.67
韓　国	122	(2.8)	52	2.35
ドイツ	109	(2.5)	83	1.31
フランス	76	(1.8)	67	1.13
英　国	74	(1.7)	67	1.12
イタリア	59	(1.4)	60	0.98
世界計	4303	(100)	7581	平均 0.57

†1　出典: "BP 統計 2019".
†2　出典: "EDMC/エネルギー・経済統計要覧 (2021 年版)".

　が大消費国である. また, **日本が世界第4位の石油消費国**であり, 1 人当たりの消費量を見ると, やはり米国, サウジアラビア, 韓国などが突出しており問題が多い. 先進諸国の消費量は米国を除き 1.3 トン/人・年前後であるが, 日本も多い. 世界の平均は約 0.6 トン/人・年であり, 先進国以外では 1 以下であることを考えると反省すべき点もあろう. 将来の世界の石油需要は 2030 年頃には 55 〜 60 億トンにも達するとも予想されており, 世界全体でのエネルギー需要増の懸念とともに, 今後の石油需給動向には注目を続ける必要がある.

　前記のように石油 (原油) の埋蔵・生産地域は特定の地域に偏っており, また世界の大消費地も偏在している. このため, 地域別に見た石油の需給には大きなギャップが生じている. 大消費地であるのに石油資源に乏しい西欧, アジア地区が大輸入地域である. 米国は技術の改良などにより (p.47 の脚注参照) 2016 年以降世界第 1 位の産油国となり, かつては石油の大輸入国であったが 1980 年頃からは石油輸出国に転じている. 国別に見れば主要先進国のうち日本とイタリア, ドイツ, フランスなどの西欧諸国が石油輸入依存度が高い. 英国は 1970 年代に開発に成功した北海油田を利用して原油輸出国として躍進(5000 万トン/年以上) したが, 2000 年以降産油量が激減し 2005 年以降は純輸入国に転落した.

B　日本の石油消費量

　日本は世界第4位の石油消費国であり，年間約2億kL（2020年度1.70億kL）の石油を消費している．この量は世界の石油消費量の約4％に相当し，約1.4 kL/人・年に相当する*．

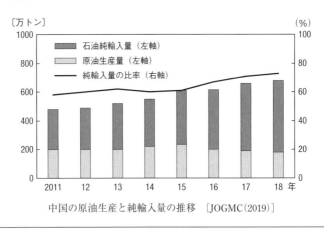

> ┌─ **コラム3**　中国の石油事情 ●
>
> 　世界の石油需給の中で中国の動向が注目されている．中国は急激な産業の発展と人口増加によって石油需要が急増しており，定量的な統計は発表されてはいないが，2003年には日本を抜いて世界第2位の石油消費国となった．中国の石油需要は年率10〜15％の勢いで増加しており，中国油田の生産の伸び悩みとともに1994年以降は石油輸出国から石油輸入国に転落している．輸入先は中東地区（37％），ロシア（15％），アフリカ（10％）などとなっている（2018年）．原油輸入量は約5億トン/年（2018年）に達しており，このまま進むと2030年には7億トンほどに，また将来先進国なみの消費（1.3万トン/年・人）を続けると中国全体で15億トン/年もの原油を輸入することになる．このような中国の情勢を考えると日本をはじめとする東アジア地域における原油争奪戦に大きな衝撃を与えることになり，今後とも注目を要する．
>
> 〔万トン〕　　　　　　　　　　　　　　　　　　　（％）
>
> - 石油純輸入量（左軸）
> - 原油生産量（左軸）
> - 純輸入量の比率（右軸）
>
> 中国の原油生産と純輸入量の推移　〔JOGMC（2019）〕

　＊　この量（1.4 kL/人・年）は約3.8 L/人・日（約115 L/人・月）に相当する．しかも幼児，老人を含めての平均値であり，成年層が消費している量ははるかに多い．われわれ自身はこのような多量の石油を毎日消費しているという自覚はあるのであろうか！

〔百万 kL〕

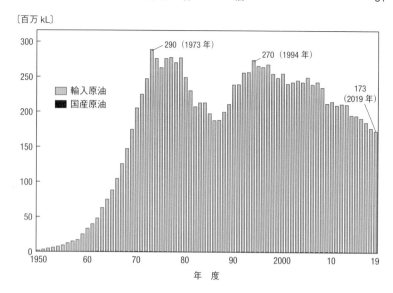

図 2・17　輸入原油供給量の推移〔"エネルギー白書 2021"〕

　日本が輸入していた原油の量は図 2・17 に示したように 1973 年には約 2.9 億kL，また 1994 年には約 2.7 億 kL に達していたが，その後は減少傾向となり，現在は 1.73 億 kL（2019 年）となっている．

　日本の原油の輸入先は，図 2・18（図 2・22 も参照）に示したように大きく中東地区（85 ～ 90 %）に依存している．国別ではサウジアラビア，UAE（アブダビなどのアラブ首長国連邦）への依存度が高い．日本の一次エネルギーの約 40 %を占める石油（約 38 %，2020 年）の輸入先が特定の地域，特定の国に偏りすぎていることは，日本のエネルギー確保の安全性からすると大きな問題であり，その是正に今後とも大きな努力を払うべきである．

　輸入原油は加工されて（§2・2・6B）ガソリンなどの石油製品に転換されるが，石油製品の日本の需要構成（2018 年度）は図 2・19 に示したように，輸送用約 48 %，産業用約 36 %，民生（家庭，業務）用約 13 %，電力用約 2 %となっている．

　油種別の販売量は図 2・20 に示したように全般的に需要が減少しているが，なかでもガソリンの低減（ガソリン車の減少），重油の低減（火力発電の減少）が著しい．

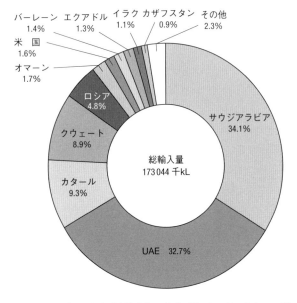

図 2・18　日本の国別原油輸入先の比率 [“エネルギー白書 2021”]

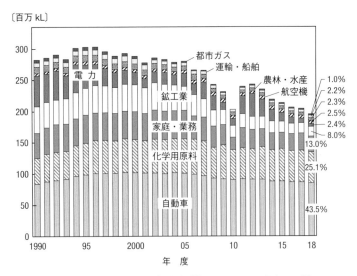

図 2・19　石油製品の用途別需要量 [“エネルギー白書 2021”]

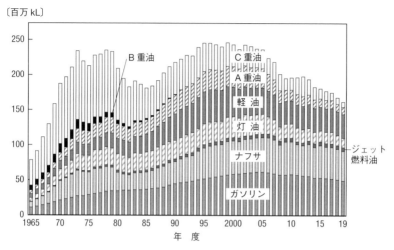

〔百万 kL〕

図 2・20　燃料油の油種別販売量の推移　［"エネルギー白書 2021"］

C　日本の石油需給の問題点

　上記のように，日本は世界第 5 位のエネルギー消費国（表 1・4），世界第 4 位の石油消費国（表 2・6）でありながら石油資源に恵まれず，**世界でいずれの国よりも将来ともエネルギー，石油の確保に注意・努力せねばならない国**であり，エネルギー，石油の安全保障のために，下記のような課題が残されている．

　1）**エネルギー，石油の消費抑制**　　日本の石油需要は 1994 年（2.7 億 kL）をピークに減少を続けているが，2020 年現在なお一次エネルギーのうちの約 37 %を占める石油への依存度の低減を図り日本のエネルギー問題（§1・5・2）を解決するためには，国としてのエネルギー政策（エネルギー基本計画など，p.25 参照），石油政策の強化とともにエネルギー総需要抑制，石油消費抑制に対する官民一体となっての強力な対策の推進が必要である．

　2）**石油の安定確保**　　今後の日本の石油需要の変化に対しては，安定した石油の確保，供給体制の確立が不可欠である．しかし現実には，日本の石油の海外依存度は 99.7 %に達している．あまりにも低い自給率の改善のために，国産原油比率の向上，あるいは石油危機時の対策としての**原油備蓄***政策（2020 年現在の国家備蓄約 138 日，民間備蓄約 86 日）などが行われている（図 2・21）．また現在，UAE，

---

　*　国家備蓄は苫小牧（北海道），むつ小川原（青森），白島（福岡），志布志（鹿児島）など全国
　　　10 箇所の基地で行われている．民間備蓄は国内石油会社が自社施設において行っている．

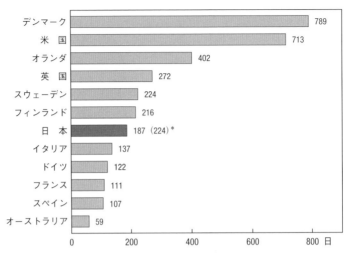

図 2・21　各国の石油備蓄日数（2020 年）［IEA 基準］（＊ IEA 基準では 187 日
であるが,日本の備蓄法基準では算定方法が異なるため 224 日となる）

ロシア（東シベリア），インドネシア，マレーシアなどで**自主原油開発**が進められて
おり，自主原油（国産原油）は 50 〜 60 万バレル/日で総原油需要に対して約 19 %
（2012 年）となっている＊．原油の自主開発は国家プロジェクト等として推進・支
援されているが，§2・2・1 でも述べたように多くの困難やリスクもある．かつての
アブダビ石油のサウジアラビアにおける権益失効問題（2000 年 2 月），外交問題に
起因するイラン原油開発権の放棄（アザデガン油田，2004 年）などを契機に大きな
転換期を迎えている．今後とも国産比率の向上には国をあげての努力，政策（中東
外交，原油開発援助など）の強化が望まれる．

　3）**高すぎる原油の中東依存度の改善**　　宗教上の紛争が多く，また世界紛争の
火種となりやすい中東地区への石油輸入依存度があまりにも高い．1970 年代の石
油危機以降中東依存度の低減のため原油輸入先の分散に努力し，1980 年代後半に
は 70 %以下になったこともあったが（図 2・22），近年再び上昇に転じ，1998 年度
以降 85 %を超え 2020 年には約 90 %にも達し今後の動向が懸念されている．

　4）**石油代替エネルギーの開発の促進**　　上記のような問題の解決の一つとして，
石油代替エネルギーの開発がある．それぞれに課題はあるが，たゆまぬ努力が望ま

＊　政府，国際協力銀行（JBIC）は自主原油開発を促進するために，2030 年頃までには自主原油
比率を 40 %程度にまで高めることを目標としている．

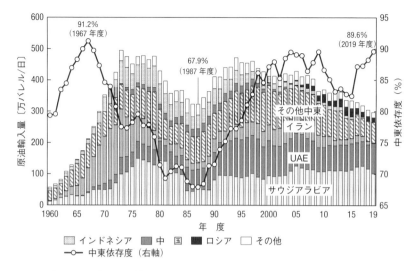

図 2・22　日本の原油輸入量および中東依存度の推移［“エネルギー白書 2021”］

れる（第 4 章，第 5 章）．

5) **石油製品価格の是正**　　日本の石油製品価格は変動が大きく，また海外市場価格との間には格差がある．日本の石油税制，金融政策（多重課税，高税率，税の用途の偏重，円安誘導策など），石油産業の体質，世界から見た企業規模，コスト構造（高地価，高賃金，高環境保全コスト）あるいは世界の情勢（たとえば 2022 年のロシアのウクライナ侵攻による原油価格の急騰など）などさまざまな要因があるが，石油の安定確保のためにも政府をはじめ企業にもさらなる対策，改善が望まれる．

2・2・5　原油の種類と組成

　原油の主成分は炭化水素の混合物であるが，原産地，生成年代，採油地層などによって原油の性質，組成（炭化水素の種類，硫黄などの不純物の量など）は大きく異なる．原油の分類には種々の表現法があるが，炭化水素の分子構造によって大別（タイプ分類）すると，パラフィン系炭化水素*を主成分とする**パラフィン基油**

---

　*　パラフィン系炭化水素とは，たとえば下記のような分子構造（鎖状の炭素骨格）の直鎖および分枝パラフィン類をいう．

CH_4　　　　　　　$CH_3 - CH_3$　　　　　　$CH_3 - CH_2 - CH_3$　　　　$CH_3 - CH \begin{smallmatrix} CH_3 \\ \\ CH_3 \end{smallmatrix}$

メタン　　　　　　　エタン　　　　　　　　プロパン　　　　　　イソブタン

(paraffinic base crude)，ナフテン系炭化水素*1 が多い**ナフテン基油**（naphthenic
base crude），芳香族系炭化水素*2 の含有量が多い**芳香族基油**（aromatic base
crude），あるいはそれらの中間的性質を有する**混合基油**（mixed base crude）など
に分類することができる．パラフィン基油は良質の灯油，軽油に富んでいる．ナフ
テン基油は，改質反応などによってオクタン価（表2・9の表注参照）が高い高品質
ガソリンや，石油化学原料となる芳香族類の製造に適している．

表2・7　原油と石炭の元素組成比較

	原 油（%）	石 炭（%）
炭　素（C）	83 〜 87	65 　〜 85
水　素（H）	11 〜 15	2 　〜 5
硫　黄（S）	1 〜 4	0.5〜 2
窒　素（N）	0 〜 1	1 　〜 2
酸　素（O）	0 〜 2	2 　〜 10
灰　分	0.1 以下	10 　〜 17

　原油の主成分は数千種の，タイプが異なる炭化水素の混合物であるが，そのほか
硫黄，窒素，酸素，金属（Ni, Fe, V など）を含むヘテロ化合物も含んでいる．それ
らの元素の含有率は原油の種類によって大きく異なるが，おおむね表2・7のよう
である．石炭に比べて水素に富んでいる（H/C 比が高い）ので燃焼性がよく，酸素，
窒素，灰分などの不純物も少ない．
　炭化水素のタイプとしてはパラフィン系炭化水素，ナフテン系炭化水素，芳香族
系炭化水素などであるが，ごく少量のオレフィン類もある．石油はこれらの炭化水

---

*1　ナフテン系炭化水素とは，たとえば下記のような分子構造の，単環および多環（通常は五員
　　環および六員環）のシクロパラフィン類をいう．環にアルキル基などを置換しているものも多
　　い．

シクロペンタン　　　シクロヘキサン　　メチルシクロペンタン　　ジメチルシクロヘキサン

*2　芳香族系炭化水素とは，たとえば下記のような分子構造の，単環および多環芳香族（ベンゼ
　　ン，ナフタレン，アントラセンなど）を骨格にもつ炭化水素いう．環は縮合しているものが多
　　く，またナフテン環や多数のアルキル基などを置換しているものも多い．

　　ベンゼン　　　　　　　ナフタレン　　　　　　　　アントラセン

素およびそれぞれの異性体を含み，分子量（したがって沸点）の異なる数千種の分子の混合物から成っている．

　各炭化水素の組成は留分（沸点範囲）により異なり，その概念を示すと図2・23のようになる．一般には，軽質油はパラフィン類に富み，重質油ほど縮合多環芳香族類を多く含んでいるが，各留分の組成，あるいは残油の量および組成は原油の産地によって大きく異なる．

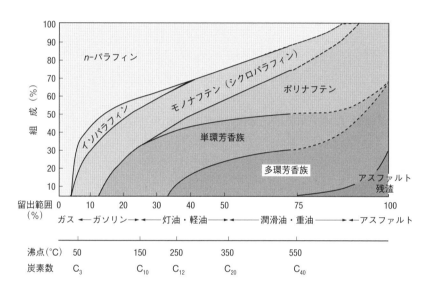

図2・23　原油の沸点と炭化水素組成の関係（概念図）

　なお，原油の分類を原油性状によって行うこともある．原油の分類（用途）にとって重要な性状は，比重〔API比重（表2・8の表注参照）を用いることがある〕，硫黄分，流動点，残油性状（含有量および残油の硫黄分）などである．数種の代表的原油の性状を表2・8に示す．

2・2・6　石油製品とその製造法

A　石油製品の種類と品質

　石油製品には用途に応じて数百種以上の製品があるが，一般によく知られているものにはガソリン，灯油，ジェット燃料，軽油，重油（A重油およびC重油），潤

表 2・8　代表的原油の性状

原　油　名	API 比重†	原油の硫黄分 (wt %)	得率 (vol %)			残油の硫黄分 (wt %)
			揮発油	灯軽油	残油	
アラビアン・ライト	34.4	1.7	25	27	48	2.5
イラニアン・ヘビー	31.1	1.7	20	25	53	2.6
クウェート	31.4	2.6	20	25	55	4.0
マーバン（UAE）	39.3	0.80	24	32	43	1.6
スマトラ・ライト	35.4	0.08	12	23	64	0.18
大慶（中国）	33.1	0.11	10	20	70	0.13

†　石油業界で汎用されている比重（規定温度 60 °F）. API は American Petroleum Institute（米国石油協会）の略.
　　学術的比重（sp.gr.）との換算は次式による;　API 比重＝(141.5/sp.gr.)−131.5

滑油（内燃機油，機械油など），液化石油ガス（LPG），アスファルト，ワックスなどがある．これらの石油製品の品質(性状)は，日本では JIS によって定められ，またより厳しく各石油会社の規格によって保証されており，その品質は世界の最高水準にある．

　石油製品の種類は，規格（JIS 規格，石油会社規格，需要家規格など），等級，用途などによって，燃料油でも数十種類，潤滑油などでは数百種類の製品がある．代表的な石油製品の主要性状，製造法，用途などの概略を表 2・9 に示す．これらの石油製品の使用比率は，図 2・19，図 2・20 に示した通りである．

B　石油の精製法

　表 2・9 のように，石油製品は沸点別に構成されることが多いので，石油精製法の基本は蒸留（精留，分子量分布の適正化）である．しかし，原油の蒸留だけでは炭化水素組成の最適化，不純物の除去など製品に要求される品質（要求性状，安全性，環境適合性など）を確保することはできないので，図 2・24 に概要を例示したような種々の物理的操作（精密蒸留，抽出，晶析，吸着，膜分離など）および化学的処理（水素化，分解，改質，異性化，アルキル化，縮重合などの反応）を用いて品質改善し，製品の基材（基油）を生産する．また，石油化学用原料を生産する場合には，分子構造の変換，選択的分別などを行うことが多い．

　上記のように，多種類の石油製品を製造するためには種々の反応装置，精製装置

表 2・9 代表的石油製品の性状，製造法，用途の概要

製品の名称	代表性状，種類，製造法，用途など
液化石油ガス（LPG）	プロパン，ブタン，ブチレンなどを主成分とする常温で $15\,kg/cm^2\,G$ 以下で液化する石油ガス．家庭用，工業用，自動車用などの燃料，あるいは石油化学用原料として用いられる．
ガソリン（揮発油）	自動車用（比重 0.78 以下，沸点 50〜180℃，薄橙色に着色），工業用（洗浄用，石油エーテル，溶剤など，無色），航空機用などがある．自動車用には JIS 1 号（通称 プレミアム，オクタン価[†1] 約 100）および JIS 2 号（通称 レギュラー，オクタン価 約95）があり，直留ガソリン，分解ガソリン，改質ガソリン，重合ガソリン，異性化ガソリン，あるいはオクタン価向上剤（MTBE など）その他の添加剤を適宜配合して製造される．なお，日本のガソリンは完全無鉛化，低硫黄（10 ppm 以下），低ベンゼン（1 % 以下）など環境適合型となっている．
ジェット燃料	航空機用タービンエンジンに用いる燃料で，民間航空用と自衛隊用がある．沸点 200〜300℃ で灯油に似た留分であるが，燃焼性（低芳香族量，25 % 以下），低温性状（ワックス析出点 −47℃ 以下）などの品質に注意が払われている．
灯　油	灯油には家庭用（JIS 1 号，白灯油）と工業用（JIS 2 号，溶剤，機械洗浄用）がある．ともに沸点 170〜250℃ で，安全性を考慮して引火点 40℃ 以上となっている．白灯油は無色・無臭・透明で，環境保全のため硫黄分 10 ppm 以下，低芳香族量（煙点 25 以上）となるよう精製されている．
軽　油	沸点 240〜330℃，セタン指数[†2] 55 程度の淡黄色の製品で，主としてディーゼルエンジン用，暖房用などの燃料に用いられている．日本の軽油のセタン指数は，欧米の軽油に比べて高い．公害防止のため硫黄分は 10 ppm 以下となっており，さらに煤塵低減のための低芳香族量などに配慮されている．なお，軽油には季節対応（JIS 特 1〜3 号，冬季の低温流動性に対する配慮）が必要である．
重　油	現在日本には，小型船舶用，暖房用の民生用燃料である A 重油と，工業用（工場，発電所，外航船舶用など）の燃料である C 重油がある．A 重油は硫黄分 0.1 % 以下で，沸点 380℃ 以下の留出油（残炭成分添加）が主成分である．C 重油は残油を主成分として生産される．公害防止のためには硫黄分 0.3 % 以下の C 重油も多く生産されている．C 重油は硫黄分，粘度などによって種々の等級に分けられている．（B 重油は現在生産されていない．）
潤滑油	内燃機油（ガソリンエンジン油，ディーゼルエンジン油），機械油（スピンドル油，マシン油，ギヤ油，モーター油，タービン油，冷凍機油，工作機油など），その他数百種の製品がある．潤滑油には潤滑性（低摩擦係数，極圧性など），耐久性（酸化安定性，耐熱性など）など多くの性能が要求される．安定な基油と各種の複数の添加剤の組合わせによって製造される．
その他	グリース，アスファルト（ストレートおよびブロンアスファルト；道路用および防水資材用など），ワックス（防水紙用，化粧品用，ろうそく用など），コークスなどがある．

†1　**オクタン価**とはガソリンのエンジン内での燃焼性の指数で，i-オクタンを 100，n-ヘプタンを 0 として定められる．　†2　**セタン指数**はディーゼルエンジン内での燃料の燃焼性の指数で n-セタン（ヘキサデカン）を 100 として定められる．いずれも高い値の製品が優れている．

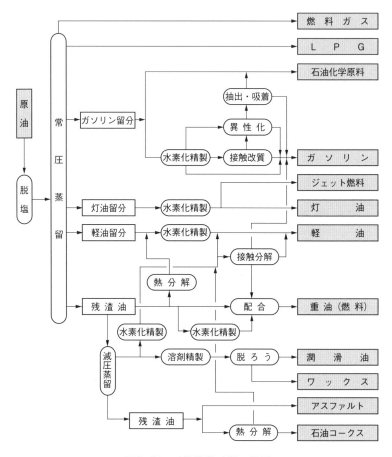

図 2・24　石油精製工程の概要

（一例を写真 2・2 に示す）を巧みに組合わせる必要があり，また精製コストを下げるためには大型の多数の装置群を連携させた大型製油所（一例を写真 2・3 に示す）によって行うのが好ましい．石油の最終製品は，このようにして製造された基材，基油，あるいは必要に応じて各種の添加剤などを最適組成となるように配合して製造される．

　以下，主要な石油精製法について簡単に記す.

　原油の前処理（pretreatment, desalting）：　産油地および製油所において原油の脱水・脱塩（塩水の重力分離, 高圧静電気分離）および脱ガス（$C_1 \sim C_2$, CO_2 などの

写真2·2　石油精製装置の代表例［石油連盟提供］

写真2·3　大規模製油所の例［コスモ石油(株)提供］

分離）が必要である．

原油の蒸留（distilation, fractionation）：　脱水・脱塩した原油の常圧蒸留〔40〜60段の多段式精留塔，泡鐘型棚段（bubble-cap tray）など〕によって，沸点順に石油ガス（LPG）から重油などに分離する．沸点350℃以上の分解反応用原料，潤滑油原料，アスファルトなどは減圧蒸留によって生産する．

水素化反応（hydrogenation）：　一般には水素化精製法（hydrorefining）といわれる．石油製品の高品質化，環境保全対策のために触媒を用いて水素化を行い，不飽和成分の転換，不純物（S, N, Ni, V など）の除去，脱色などを行う．通常，反応は固定床反応器を用い，金属硫化物触媒（Mo-Co-Ni/Al$_2$O$_3$ など）によって，水素雰囲気下の高温・高圧下（250〜400℃，30〜150気圧）で反応させる．ガソリン留分に対してはオレフィンの除去，酸化安定性の向上，硫黄分の除去(大気汚染防止，改質触媒の保護）のために，灯油，軽油，潤滑油に対しては品質向上（脱色，脱臭，安定性），無公害化（主として脱硫，脱窒素），燃焼性の向上（芳香族類の低減）のために，重油に対しては公害防止（脱硫，脱窒素，脱金属）のために行われる．重油の水素化精製法には間接脱硫法と直接脱硫法がある．

水素化分解反応（hydrocracking）：　上記の水素化精製法よりも過酷な条件下で重質油(沸点350℃以上）を分解し，ガソリンの増産，接触分解反応用原料の増産，高級潤滑油基油の生産，残渣油の軽質化（残油得率の低減）などを行う．

接触改質反応（catalytic reforming）：　水素化したガソリン留分を固定床反応器と二元機能触媒（Pt-Re/SiO$_2$-Al$_2$O$_3$ など）を用いて，高温・高圧下（500〜550℃，5〜20気圧），水素雰囲気下でパラフィンの脱水素，環化，異性化などの反応を行い，高オクタン価ガソリン（改質ガソリン）および芳香族系石油化学原料（ベンゼン，トルエン，キシレンなど）の製造を行う．

接触分解反応（catalytic cracking）：　ガソリンの増産および高オクタン価ガソリンの製造のために，重質軽油留分を触媒を用いて分解する．流動接触分解法（FCC: fluidized catalytic cracking）を採用することが多く，常圧・高温下（550〜600℃），粉状固体酸触媒（SiO$_2$/Al$_2$O$_3$，ゼオライトなど）を循環させながら短時間で重質軽油を分解する（riser-cracking 法，反応時間1〜10秒）．種々の素反応が起こり，芳香族性に富んだ分解ガソリンと分解残油（重油または軽油の基材）が得られる．

その他の精製法：　アルキル化（alkylation；高オクタン価ガソリンの製造），異性化（isomerization；ガソリンのオクタン価向上，芳香族石油化学原料の製造，軽油，潤滑油の低温流動性改善），不均化（disproponation；石油化学原料の増産），溶剤抽

出（solvent extraction；潤滑油の性能向上，芳香族石油化学原料の精製），晶析〔潤滑油中のワックスの分離（脱ろう，dewaxing），キシレンの純度向上（crystallization）など〕，その他種々の方法が用いられる．

2・3　天 然 ガ ス

2・3・1　液化天然ガス（LNG）

　天然ガス（natural gas）は，石油油田と同じような地殻構造のガス田から，あるいは原油，シェールオイルなどに随伴して産出される．天然ガスの組成は，湿性ガス（産出時の未精製ガス）ではメタン85 %，エタン10 %程度で，CO_2，水分，その他の成分を含んでいる．乾性ガス（湿性ガスを精製したガス）は沸点$-162\,°C$，メタン99 %以上の組成であり，これを低温・圧縮して液化したものがLNG（liquefied natural gas，液化天然ガス）である．天然ガスは石油に比べて運搬・貯蔵問題（パイプライン，液化設備，低温技術など）あるいは小規模ガス田の非経済性などには欠点もある．大規模ガス田については開発と長期契約による価格の安定保証制，中小規模ガス田に対しては現地転換法（メタノール，ジメチルエーテル，ガソリン・灯油などへの転換によって常温液体化）などによって輸送問題を解決し競

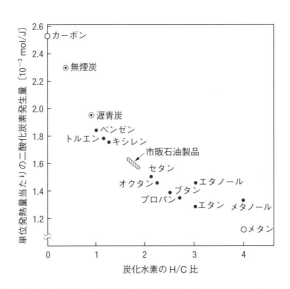

図 2・25　化石燃料の二酸化炭素発生量比較［松本 良ほか 著，"メタンハイドレート"，p.255，日経サイエンス(1994) より改変］

争力を高めている.

　また，天然ガスは化石燃料の中では最も H/C 比が高く（図 2・25），発熱量当たりの二酸化炭素排出量が少なく，環境適合性が良い利点を活かした地球温暖化への影響が少ない燃料として歓迎され，1970 年代以降需要が急増している.

　天然ガスの究極埋蔵量は約 440 兆 m³，確認可採埋蔵量は約 200 兆 m³（石油換算 約 1800 億トン，寿命 約 50 年相当）である.確認可採埋蔵量の分布は図 2・26 に示したようにロシア，イラン，カタールなどが主たる国である.

　日本の LNG の輸入は 1969 年（アラスカ）から始まったが，その後急激に増加して総天然ガス消費量は 2014 年には約 9000 万トンのピークに達した.その後漸減し，2020 年には約 7600 万トンになった.輸入量および輸入先の推移を図 2・27 に示したが，大半をオーストラリア（約 40 %），マレーシア（約 13 %）などのアジア大洋州に依存している.資源量からして将来は中東（カタールなど），ロシア（サハリンおよび極東部），あるいはアラスカなどへの転換（外交政策努力）が必要であろう.

　日本における天然ガスの用途は，電力用が約 60 %（2020 年），都市ガス・工業用が約 34 %となっている（図 2・28）.一部には自動車用燃料（圧縮天然ガス）としての用途も増えつつある.

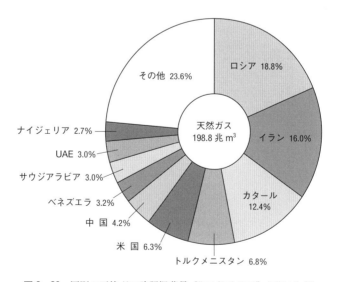

図 2・26　国別の天然ガス確認埋蔵量［“BP 統計 2020”を基に作成］

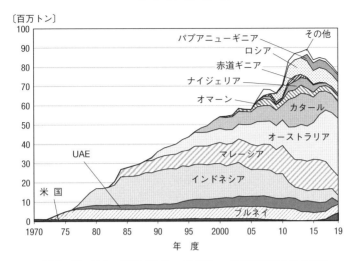

図2・27 日本の液化天然ガス（LNG）の供給国別輸入量の推移
［“エネルギー白書2021”］

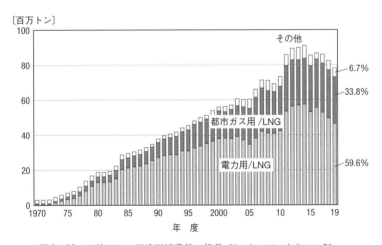

図2・28 天然ガスの用途別消費量の推移［“エネルギー白書2021”］

2・3・2 シェールガス，炭層メタン

近年油母頁岩（§2・4・1）の岩盤層や石炭層などに含まれるメタンガスの採取に注目が集まっている．

世界中で，油母頁岩に含まれるシェールガス（メタン）の量は従来の石油由来の

天然ガスの埋蔵量を凌駕する[1]ともいわれ中国，米国，アルゼンチン，カナダ，オーストラリアなどに多量に存在するといわれている．可採埋蔵量は約200兆m^3[2]と推定されており，この量は世界の天然ガス消費量の約50年以上に相当する．近年になって採掘技術[3]の開発によって開発コストの大幅低減が可能となり，カナダでは2002年頃から，米国では2005年頃から採掘が始められている．メタンガスの市場価格は需給のバランスによって毎年大幅に変動するが，米国ではシェールガスの開発進展に伴いピーク時（2008年頃，100〜120米ドル/百万BTU）の1/10程度にまで下がっている．米国経済を高揚しているともいわれるなどシェールガスの影響は大きい（**シェール革命**ともいわれている）．日本も商社を中心に米国やカナダで開発権益の取得（投資）や，日本への安価なガス（米国産シェールガスの価格は約5〜10米ドル/百万BTU程度の輸入計画などが進められ，政府も支援の姿勢を示しており2018年には北米からの輸入が始まっている．

　今後さらに北米や南米，中国などでシェールガスの開発が進展すれば，従来太平洋州や中東地区の天然ガス生産に依存していた東アジア地域（日本，中国など）あるいはロシアに依存していた欧州各国をはじめとして世界の天然ガス市場の情勢や価格が2030年頃には大きく変化することが予想されている．

　一方，世界に多量に存在する石炭層には多量の炭層ガス〔CBM（coal bed gas）；メタン含有量90％以上〕が含まれている．老朽化した炭層にCO_2を圧入して石炭に吸着されているメタンを取出す．この炭層メタン[4]の利用はすでに米国でも行われているが，近年中国，オーストラリア，インドネシアなどでも開発が進み，特に中国では急速に進んでおり10億m^3/年以上の生産が行われている．また，世界第2位の石炭埋蔵量を有するロシアでもこの炭層メタンの採取に着目して2000年頃から実用化に向けての開発が続けられているが，ロシアは一方では従来型の天然ガスの埋蔵量も世界第1位であり，両者が競合した場合の炭層ガスの将来は必ずしも明らかではない．

　しかしいずれにせよ，地球温暖化防止（二酸化炭素の排出低減）のために今後と

---

*1　研究者により異なる．460兆〜1100兆m^3（BP統計）など．
*2　"エネルギー白書2021"，米国DOE，EIA（2013）などによる．
　　可採埋蔵量が多い国は中国（15％），アルゼンチン（11％），アルゼリア（10％），米国（9％），カナダ（8％）などである．
*3　傾斜掘削などにより高圧水を注入し岩盤を破壊してガスを回収するなどの技術．ただし地下水汚染などの環境問題も付随する．
*4　世界で260兆m^3といわれている（ロシア100，カナダ75，中国36，米国20，オーストラリア10兆m^3，その他）．〔石油技術協会誌（2011年）〕

も増加を続けるであろう天然ガスの需要に対してシェールガスや炭層メタン，メタンハイドレート（§2・3・3）の開発は不可欠であり今後の進展が注目される．

2・3・3 メタンハイドレート

現在利用されている天然ガスは上記のような地殻中に存在している気体の天然ガスであるが，最近未利用資源としてのメタンハイドレート（methane hydrate）に注目が集まっている．メタンハイドレートは固体であり，取出したメタンハイドレートに着火すると容易に燃える（燃える氷）．

メタンハイドレートは，図2・29に示したように，世界の大陸棚深部や極地の永

コラム4　メタンハイドレート

メタンハイドレートとは，水の結晶の中にメタンが包接されている化合物（クラスレート）であり，46個の水分子が8個のメタン分子を取囲んでいる．下図に示したような網目構造を有する固体（結晶）である．分子式は$CH_4・5.75H_2O$である．この分子式は水1Lにメタンガス約170Lが取込まれていることを示す（通常の状態では水1Lに対するメタンの溶解量は15°C，50気圧で1～1.5Lにすぎない）．またメタンの液化には−80°C以下，40気圧以上を要するが，メタンハイドレートは0°C以下，26気圧以上で生成するので，① メタンガス（有機堆積物の分解）と水が同時に存在していること，② 温度・圧力条件が満たされていること，③ 生成するスペース（粗い火成岩，砂岩，礫岩など）があることの3条件がそろう場所にはメタンハイドレート層が存在しうることになる．したがって，鉱床は大陸棚深部，極地の永久凍土地帯（ツンドラ層）などで発見されることが多い．これはまた，メタンの大量貯留法としても，LNG以上に有利な条件である．探査は地震探査法（海底疑似反射面 BSR法など），ボーリングなどによって行われる．

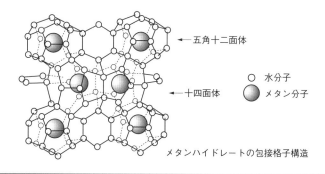

メタンハイドレートの包接格子構造

久凍土地帯（ツンドラ層）に大量に存在することが判明しつつある．成分がメタンであるのでクリーン資源であることや，その資源量の多さ（一般の天然ガスの 10 倍以上），天然ガスや石油よりも浅い所（海底，地下 400 〜 1000 m）にあり，地域的偏在も少ないなどの点から，21 世紀以降のエネルギー資源として大いに注目されている．

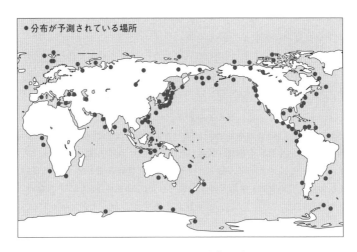

図 2・29　世界のメタンハイドレートの分布予測［MH21, "新しい天然ガス資源 メタンハイドレート", 2010 年 3 月版］

天然ガスのハイドレートは 1940 年代に寒冷地の石油，天然ガスパイプラインの閉塞事件の原因物質として最初に発見されたものである．鉱床として最初に発見されたのは，西シベリア・ソメヤハ ガス田の上部（1970 年，凍土下のメタンハイドレート層）であった．メタンハイドレートの資源量はまだ確定しておらず，研究者によってさまざまな推算がされているが，陸域で 10 兆 〜 60 兆 m^3，海域では 2000 兆 〜 4000 兆 m^3 以上（研究者によっては 10 000 兆 m^3 という見積りもある）という膨大な量（天然ガスの資源量 200 兆 m^3 の 10 倍ほど）と予測されている．日本近海（南海トラフ，日本海沿岸，北海道東部大陸棚など，図 2・30）にも 7 兆 m^3 前後（日本の需要の 50 〜 100 年分相当）の資源量があるといわれており，2012 年から採掘試験（愛知県渥美半島沖など，JOGMEC）が始められている．

　このようにメタンハイドレートは，現在ではまだ開発中で利用されていないエネ

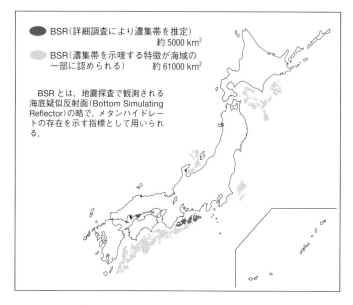

図2・30　日本周辺海域の BSR 測定によるメタンハイドレートの分布
予測図（2009年）［“エネルギー白書2011”］

ルギー源であるが21世紀以降のエネルギー源として注目, 大きな期待が寄せられている. なお, メタンハイドレート堆積状態には表層型と砂層型があるが, いずれも分散状で存在することが多いなど, 採掘するうえでの技術的難点があり, また採掘コストなどの経済面も含め今後いくつかの問題が残っている. また別の面では, 地球温暖化とともに極北ツンドラ地帯の地温が上昇するとメタンハイドレートの分解が起こりメタンの大気中への放散（学者によっては10億〜150億トン/年）が増加して地球温暖化を加速すること（悪循環）も懸念されているところである. いずれにせよ, 今後のメタンハイドレートの挙動には注目してゆく必要がある.

2・4　その他の化石燃料エネルギー資源

　化石燃料には石炭, 石油, 天然ガスなどのほかにも大量に存在している資源がある. そのうちの代表例には, シェールオイル（油母頁岩油）やタールサンド（オイルサンド）ビチューメン, あるいは超重質油（オリノコビチューメンなど）などもある.

2・4・1　シェールオイル

　シェールオイル（shale oil）とは, **油母頁岩**（オイルシェール, oil shale）を加熱分解して得られる油分のことである. 油母頁岩は, 有機物ケロ ーゲン（kerogen, 固体）を含む黒褐色の堆積頁岩であり, この頁岩を加熱（乾留）するとケロ ーゲンが分解して原油類似の油分（シェールオイル）を生成する. 油母頁岩の組成の数例を表2・10に, 生成した粗原油の性状の一例を表2・11に示したが, 石油（原油）よりも硫黄含有量は低いが窒素, 酸素の含有率が高く（代表例: 酸素 0.5 〜 1 %, 窒素 1 〜 2 %）石炭液化油に近いといえる.

　オイルシェールの含油量は 0.06 〜 0.2 m³/ton-shale 程度のものが多いが, 経済性のあるものとしては含油量 0.1 〜 0.6 m³/ton-shale 程度のものが望ましい.

　オイルシェールのおもな産地は表2・12に示したように北米, 東欧, 中国東北部である. 資源量は 3500 〜 4200 億バレル程度（油分換算）とも推定されている[*]. 油母頁岩の採掘は 1940 年代頃から盛んになり, 1970 〜 1980 年代にかけて旧ソ連

表2・10　オイルシェールの組成（wt %）

産　地	有機炭素	全窒素	全硫黄	灰　分	油分（L/トン）
ブラジル	12.8	0.41	0.84	75	67
カナダ	8.0	0.54	0.70	84	36
コロラド	12.3	0.41	0.63	66	105
スペイン	26.0	0.55	1.68	63	177

出典: 神谷佳男ほか著, “エネルギーの化学”, p.86, 大日本図書（1988）.

表2・11　シェールオイル（粗原油）の性状例

	収率（vol %）	硫黄分（wt %）	そ　の　他
粗原油	100	0.80	窒素 1.7 %, 流動点 +24 ℃, 粘度 120 SUS（100 ℉）
ブタン	5	—	
ナフサ留分	19	0.70	窒素 0.75 %, 芳香族 18 %, ナフテン 37 %
灯油留分	17	0.80	芳香族 34 %
軽油留分	33	0.80	流動点 +80 ℃
残渣油	26	1.0	窒素 2.4 %

出典: 神谷佳男ほか著, “エネルギーの化学”, p.88, 大日本図書（1988）.

---

[*]　3450 億バレル（IEA, 2013）, 4200 億バレル（“エネルギー白書 2021”）

（エストニア），中国，ブラジルなどで盛んに採掘されたが（最大 4700 万トン/年）その後減少した（2000 万〜 3000 万トン/年，2010 年代）が，採掘技術の向上とコストダウン（米国では原油価格と同等またはそれ以下）により，米国を中心に 2010 年前後から急速に開発が進むようになっている（シェール革命）．

表 2・12　各国のシェールオイル埋蔵量（億バレル）

米　　国	780	リビア	200
ロシア	760	オーストラリア	180
中　　国	320	ベネズエラ	140
アルゼンチン	270	メキシコ	130

出典：DOE・EIA（2015）．

2・4・2　タールサンド（オイルサンド）ビチューメン

　タールサンド（tar sand）はオイルサンド（oil sand，油砂）ともいわれ，高粘度の重質油を含んでいる砂礫のことである．オイルサンドを蒸気加熱あるいは熱湯で処理することによってビチューメン〔タールサンドビチューメン（tar sand bitumen）；重質のアスファルト状の瀝青質油分〕を回収することができる．深層内のビチューメンに対しては地層内回収法（*in situ* recovery）が採用されることもあるが，加熱方式などに種々の工夫が必要である．

　タールサンドビチューメンの性状の一例を表 2・13 に示したが，油分が少なく品質も良くない（硫黄，酸素，窒素などが多い）ので，二次改質によって品質改善を要する．

　タールサンドなどの鉱脈は表 2・14 に示したようにアルバータ地方（カナダ，タールサンド），オリノコ地方（ベネズエラ，重質ビチューメン）などが有名である．カナダでは採掘技術の進歩と規模の拡大・大型化によって採掘コストは約 50

表 2・13　タールサンドビチューメンの性状例

比　　　重	1.01
粘　　　度	513 SUS（99 ℃）
元 素 分 析	炭素 83.1 %，水素 10.6 %，硫黄 4.8 %，酸素 1.1 %，窒素 0.4 %，重金属（V, Ni, Fe, Cu）430 ppm
組　　　成	油分 49 %，アスファルテン 19 %，レジン 32 %
発 熱 量	9800 kcal/kg

出典：神谷佳男ほか 著，“エネルギーの化学”，p.84，大日本図書（1988）．

表2・14　タールサンドオイル，重質ビチューメンの資源量〔億kL〕（2008年）

	タールサンドオイル		重質ビチューメン
カナダ	3900	ベネズエラ	3360
カザフスタン	670	英　国	20
ロシア	550		
世界計	5300		3400

出典："World Energy Council, 2010".

米ドル/バレル程度まで下がっているので原油価格と十分競争できるようになった．しかし，採掘残土や熱湯処理したのちの排水の処理あるいは採掘に伴う地球温暖化ガスの排出などの環境問題が起こることがあり，これらへの対策が課題ともなっている．このためカナダでは2017年以降，サンドオイル事業を撤退する意向が示されている．

　タールサンドなどの資源量はいまだ明確でないが埋蔵量は約5300億kL（油分量として），重質ビチューメンは約3400億kL（油分量として）といわれ原油に匹敵す

コラム5　**非在来型化石燃料資源**

　従来の主力エネルギー源として利用されてきた在来型化石燃料資源（石炭，石油，天然ガス）に対して，採掘技術の開発の遅れやコスト競争力が不十分であったために21世紀のはじめまではあまり利用されてこなかった化石燃料資源，たとえばシェールオイル（§2・4・1）やシュールガス（§2・3・2），タールサンドオイル（§2・4・2），メタンハイドレート（§2・3・3）などを非在来型化石燃料資源とよんでいる．

　在来型化石燃料資源には資源量（可採埋蔵量，寿命）に限界があり21世紀末以降には枯渇するおそれもある（表1・3，§1・5・1Bなど参照）．一方，非在来型化石燃料資源は埋蔵量が豊富にあり†，また近年の採掘技術の進歩（コストダウン）と在来型化石燃料の価格の高騰傾向によってコスト競争力が高まるにつれ非在来型化石燃料資源への関心が高くなり，シュールオイルなどへの開発・投資が急速に進められるようにもなってきている．今後の進展によっては世界のエネルギー需給や日本の政策へも大きな影響があるものとも考えられ注目を要しよう．

　†　シェールガスの埋蔵量は在来型の天然ガス量に匹敵し，またタールサンドオイルなどの埋蔵量は在来型石油に匹敵し，メタンハイドレートは在来型天然ガスの10倍ともいわれている（ただし，多くは未確定）．

る量があると推定されている.

　このようにシェールオイルやタールサンドなどには品質や環境問題などさまざまな問題もあるが,石油が枯渇するおそれがある 21 世紀末以降には石油資源の減少や価格の高騰(100 米ドル/バレル以上,図 2・8)が起こるようになれば資源量の大きさからみても必ずや重要なエネルギー源として浮上してくる時代がくるとも考えられる.

3

電力（電気エネルギー）

　日本においても，利用面でのエネルギー（二次エネルギー，最終エネルギー）消費は図1・12に示したように，民生・運輸部門を中心に急増している．その中でも**利便性**（自動化，制御容易，エネルギー相互転換容易）およびクリーンイメージ*から図3・1に示したように**電力**（electric power）の需要の増大が著しい．

　家庭生活の高度化に伴い家電製品の増加などによる民生用電力需要が増大し（図3・3参照），またオフィス，サービス業などの業務部門（第三次産業）の隆盛が著しく，民生用電力需要は1992年以降産業用電力需要を凌駕するようになっている（図3・2）．さらに，**情報化・通信社会の到来**とともに今後の電力の重要性がいっそう高まり，この傾向は続くであろう（ただし，自動車，船舶，航空機などの輸送用エネルギーとしては電力は不向きである）．

　しかし，電力には発電効率，発電コスト，需要追随難（需要の季節変動，時間変動への対応），貯蔵困難などさまざまな課題があり，このためには発電設備の運用などに種々の工夫を凝らす必要がある．たとえば，発電エネルギー源についても各種電源〔水力，火力（石炭・石油・天然ガス），再生可能エネルギー，原子力など〕の組合わせ，最適化が不可欠である（§3·2）．

3・1　発電システムの種類

　発電方法には水力，火力，原子力，地熱，風力，太陽光，燃料電池など種々の方

---

*　電力の利用の末端では，電力は完全に無公害であるように見えるが，電力発生段階では§3·3あるいは§3·4で述べるように多くの環境汚染物質（SO_x, NO_x, CO_2など）の排出や放射性核廃棄物の発生などをしており，全体としては電力も無公害ではないことを忘れてはいけない．

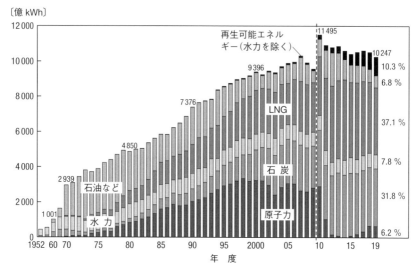

図3・1　日本の発電電力量とエネルギー源の推移．2010年までは資源エネルギー庁の"開発の概要"，"電力供給計画の概要"を，2010年以降は"総合エネルギー統計"を基に作成．["エネルギー白書2021"]

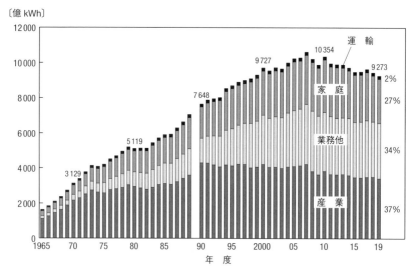

図3・2　日本の部門別電力消費の推移．1990年度以降，数値の算出方法が変更されている．["エネルギー白書2021"]

表3・1　各種電源の利点と欠点

電源の種類	利　点	欠点と課題
水　力	無公害, 低発電コスト	資源量に制限あり（日本の場合） 建設投資・期間過大 立地問題, 過疎地からの長距離送電 （送電ロス）
火　力	燃料の種類に制限なし 技術確立済み 低運転コスト	エネルギー効率が低い （複合発電などへの移行が望まれる） 地球温暖化（CO_2 の発生）
原子力	非化石燃料 ウランの平和利用技術 は完成	核物質, 発電設備の安全問題 国民の信頼性 核廃棄物の処理, 廃炉・災害処理費用
再生可能 エネルギー	再生, 循環使用可 （資源量豊富）	低エネルギー密度（太陽, 風力, 海洋など), 低発電効率 経済性要改善

法があるが, それぞれに利点と欠点をもっている. 簡単に要約すると, 表3・1のようになろう.

3・2　日本と世界の電力事情

3・2・1　日本の電力事情

　日本の電力事業は発電事業と配送電事業から成り立っている. 両者は独立して運営されるべきものである. 日本では従来は発電と配送電事業が一体化された大規模な**地域独占電気事業者**（沖縄を含む10電力会社）によって運営されてきたが, 自由化の動きとともに分離される方向にある. そのほか発電事業者には, 電源開発（株）, 特定の**自家発電事業者**（共同発電会社を含む）もあったが, 1966年以降は電力自由化政策によって一部の**卸し売り(売電)事業者**や特定規模電気事業者（PPS）の電力事業への参入が可能となっている（§3・5）.

　日本の発電設備能力を表3・2に示した. 現在はまだ火力発電が主力であるが, 近年太陽光発電設備の増強が著しく（§4・3・2）, 水力発電や原子力発電の能力を超えるようになっている.

　日本の発電量は需要に応じて年々急増しているが, その電源構成は図3・1などからもわかるように石油火力から天然ガス火力, 石炭火力へと急転してきている.

表3・2　日本の発電設備能力〔千kW〕（2019年度）

	電気事業用	自家用	合　計
水　力	49653	398	50033
火　力	168760	21024	189784
原子力	33083	—	33088
太陽光	55420		55420
風　力	4159		4159
バイオマスその他	4530		4530
合　計			337014

出典：“EDMC/エネルギー・経済統計要覧（2021年版）”.

最近の発電量の推移は図3・1に示したように，2010年には発電量は約1.15兆kWhにも達したが，その後は景気の低迷によって漸減の傾向となっている．また発電総量のうち化石燃料（石炭，石油，天然ガスなど）への依存度が依然として約3/4にとどまっている．また，原子力比率はピーク時（2000年前後）には40％程度にまでになったが，2011年の福島第一原子力発電所の事故以降，激減している．

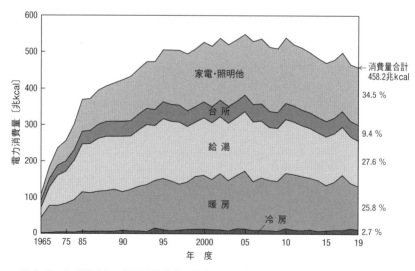

図3・3　家庭用電力の部門別消費量の推移．1970年：電気冷蔵庫普及率100％，1987年：電事レンジ普及率50％，2000年：エアコン普及率100％．［“原子力・エネルギー図面集”］

　日本の電力消費量は約 10000 億 kWh（2019 年）であるが，このうちの約 60 ％が民生用（家庭用 27 ％，業務用 34 ％，図 3・2 参照）であり，またこの比率が年々増大しつつあることに注目したい．一般家庭の電力使用の内訳を図 3・3 に示したが，冷暖房・給湯用（エアコン，こたつ，電気カーペットなど）や家電・照明用（冷蔵庫，炊飯器，掃除機，乾燥機など）の電力消費の伸びが目立つ．

　電力供給態勢を考えるときには，電力需要の年間あるいは時間変動への対応が大きな課題となる．**年間変動**はおおむね夏冬（8 月，1 月）に最大値，春秋（4 月，10 月）に最小値，**日間変動**は 15 時前後に最大値，5 時前後に最小値となる．

　このような需要に対応するためには，最大需要を賄いうるだけの電力供給設備を保有せねばならない（日本の発電能力 約 3.4 億 kW，表 3・2）反面，最小需要時期における発電設備稼働率の極端な低下が問題となる．このため，**需要の平準化**（ピークカット，夜間電力利用）の促進と**発電設備の効果的な組合わせ**が重要な課題となる．このような電源の組合わせとしては，たとえば図 3・4 に概念を示したような一定の発電を持続させる**ベース供給設備**（稼働率の変動が設備の安全上好ましくない原子力発電，流れ込み式水力発電，石炭火力発電など）と，中間的な**ミドル供給設備**（長期契約に基づいた燃料の消費が必要な LNG 発電など）および大幅に稼働率を変動することができる**ピーク供給設備**〔調整用電源設備：石油火力，揚水

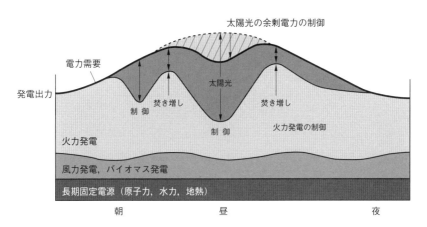

図 3・4　需要変動に応じた電源の組合わせの例．最小需要日（5 月の晴天日など）の受給イメージ．火力発電は石炭火力をベースとし，太陽光の増減（晴・曇天，昼夜により変動）に応じて天然ガス・石油火力を調整電力としている．〔資源エネルギー庁，"日本のエネルギー 2021 年度版"〕

式水力発電（p.87 の脚注参照）など〕を，電力需要の変動に応じて適正に組合わせて稼働させてゆくことが重要となる．需用の平準化には需用者の協力も必要であり，設備の改善や省エネルギー法（§6·4）の強化，あるいは住宅などのスマートメーター（§6·4·3 C）の導入など節電に努める必要もある．

　今後の日本の電力事情は需要の抑制（2030 年頃，9300 億 kWh 程度まで）とともに，図 1·13(b) に示したように再生可能エネルギー設備の大幅増強，二酸化炭素削減（地球温暖化対策）としての原子力の利用，化石燃料の大幅削減を目指している（第 6 次エネルギー基本計画）．

3·2·2　世界の電力事情

　主要国の電源構成などを表 3·3 および図 3·5 に示した．これを見ると，中国，インドなどは石炭火力中心型，フランスは原子力重視型，ロシア，イタリアなどは天然ガス火力依存型であり，それぞれの国の状況に応じて電源構成は大きく異なることがわかる．なお，温室効果ガスを多く排出する石炭火力発電の利用に対する国際的な批判が高まり世界的に同施設の縮減や廃止の動向となってきている（コラム 6）．

表 3·3　世界の電源設備と発電量（2018 年）

電源の種類	発電設備容量		発電量	
水　力	13.0 億 kW	（ 18.0 %）	4.2 兆 kWh	（ 15.8 %）
火　力 石　炭 石　油 天然ガス	20.9 4.4 17.5	（ 28.9 ） （ 6.1 ） （ 24.2 ）	10.2 0.8 6.1	（ 38.3 ） （ 3.0 ） （ 22.9 ）
原子力	4.2	（ 5.8 ）	2.7	（ 10.2 ）
再生可能 エネルギー	12.3	（ 17.0 ）	2.6	（ 9.8 ）
合　計	72.3 億 kW	(100.0 %)	26.6 兆 kWh	(100.0 %)

出典："エネルギー白書 2021"．

3·3　火力発電技術

　一般に火力発電といえば高温・高圧の蒸気を**蒸気タービン**（steam turbine）を用いて発電する方法をいう．

　このほか広い意味では燃料の燃焼エネルギーをガスタービン（gas turbine）を用

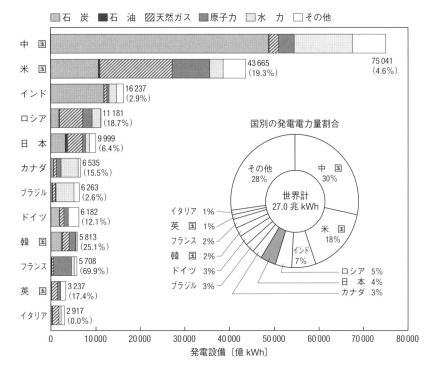

図3・5　主要国の発電電気量（2019年）．棒グラフの数値は，上段：発電設備〔億kWh〕，下段：原子力発電の比率（%）．［"原子力・エネルギー図面集"］

いて電力に変換する**ガスタービン発電法**や，内燃機関（internal combustion engine）を用いて発電する**エンジン発電法**なども火力発電に含まれる．

　現在，発電量の大部分は**火力発電**（fired power generation）に負っている（世界65%，日本76%）ので，ここでは蒸気タービン発電技術を中心に述べる．再生可能エネルギーを利用する発電法（第4章），原子力を利用する発電法（第5章），燃料電池発電法その他の発電方法（§3・4）については各章および各節を参照願いたい．

　火力発電の原理は蒸気機関（蒸気タービン）によるランキンサイクル（Rankine cycle；図3・6に示したように，仕事をしたあとの蒸気を復水器によってすべて水に戻すようなサイクル）の応用であり，基本形式は**全復水タービン**である．全復水タービンによる火力発電所の施設の概要を図3・7に示す．

　上記のような全復水タービンではランキンサイクルの限界（熱力学的限界）があ

コラム6 石炭火力発電の将来

　石炭火力発電は従来火力発電の主力であったが，カーボンニュートラルの国際的潮流が強まる中，温室効果ガスを多く排出する石炭火力発電に世界的にも批判が高まるようになり，各国で非効率な（温室効果ガスの削減対策がない）設備の削減や廃止の動きとなってきている．温室効果ガスの排出削減にも効果がある石炭火力発電の効率向上の新技術（超臨界発電，石炭ガス化燃料電池複合発電など）の開発も進められているが脱炭素の世界の潮流には逆らいきれない情勢にある．

　日本は下図のように高効率の石炭火力発電設備の新設と非効率な設備の廃止を並行して石炭火力を順次削減する見通しとしている．主要国は石炭火力発電に関して次のような方針を示している．

日　本　：2030年までに全廃（2020年表明）
フランス：2022年までに全廃（原子力発電へ転換）
英　国　：2024年10月までに全廃
ドイツ　：2038年までに全廃（天然ガス利用に転換）
米　国　：2035年までに発電部門の CO_2 排出ゼロ
中　国　：脱石炭を進めていたが電力不足のため発電用石炭の増産，輸入の
　　　　　増加．石炭火力技術の国外輸出は見送り．

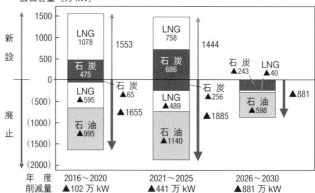

今後10年間の火力供力の増減見通し．2016〜2020年は実績．2021年度以降の廃止は，大手電力会社が保有する電源のみを対象に推計．LNG: 液化天然ガス．［第35回総合資源エネルギー調査会 基本政策分科会資料（2020年）］

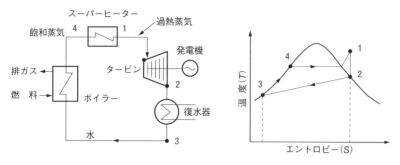

図3・6　ランキンサイクルによる蒸気タービン発電の原理および温度-エント
ロピー特性

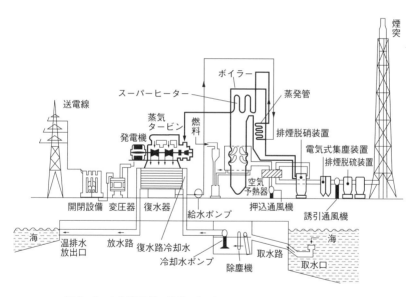

図3・7　火力発電所の施設の概要［電気事業連合会資料などより］

り再生・再熱サイクルの採用など，さまざまな効率向上技術も応用されている．し
かし，排煙などによるエネルギー損失もあり通常の蒸気タービン発電の平均効率は
42％程度（石油火力39％，石炭火力41％，LNG火力48％）であるが，最新鋭の
発電設備（**超臨界複合発電システム**など）では効率は50％程度にまで向上している
（図3・8）．太陽熱発電（§4・3・1）や原子力発電（§5・2）もエネルギー源が異なる

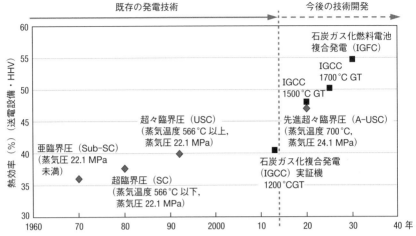

◆: 発電用蒸気圧を単に超臨界圧（SC: super critical）に高めただけのもの（従来方式）, ■: 石炭をいったんガス化（ガス燃料）して複合発電（IGCC, 石炭ガス複合発電システム）したもの.

図 3・8　日本の石炭火力発電施設の熱効率の向上 ［資源エネルギー庁, "火力発電の高効率化"（2015 年）］

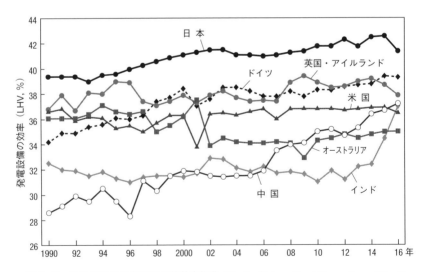

図 3・9　世界の石炭火力発電の熱効率推移 ［Ecofys, "International Comparison of Fossil Power Efficiency and CO₂ Intensity"（2018 年）］

だけであって，化石燃料を用いる火力発電と同じように蒸気タービンを用いて発電する．その意味では，これらの方法は同じ部類に属するものであり，したがって効率に関しては同じ悩みをもっている．

このような低効率は発電コストあるいは省資源，地球環境などの観点からも問題であり，さらに高度な技術（石炭ガス化燃料電池複合発電システムなど）の開発，新技術の採用や設備の大型化による発電効率の向上努力が重ねられている．これらの結果，日本の火力発電技術は世界のトップレベルにあることが図3・9などからわかる．

さらに発電効率の向上技術としては，① 大型ガスタービン（1100 〜 1200 ℃，35万 kW 級，図3・10a），② コンバインドサイクル発電法（combined cycle system，図3・10b）の実用化やトリプルコンバインドサイクル*（図3・11）の実用化も始められており発電効率の向上努力が進められている．また③ セラミック・高温ガス

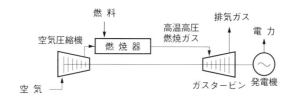

（a）ガスタービン発電

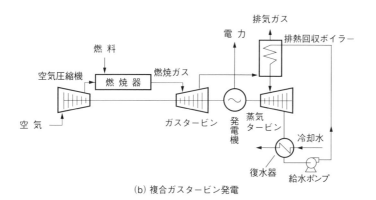

（b）複合ガスタービン発電

図3・10 ガスタービン発電の原理

---

* 燃料電池（SOFC），ガスタービン，排熱回収蒸気タービンを組合わせてエネルギー利用効率（発電効率）を高めるシステム．

タービン (1600 ℃ 以上, 35 万 kW 級, 耐熱材料・高速回転機器) や④次世代型コンバインドサイクル発電システム (1700 ℃ の複合ガスタービンなど, 図 3・8) の開発努力なども進められている. さらに総合熱効率の向上のためには, ⑤コージェネレーションシステム (総合エネルギー効率 80 % 以上, §6・1) などの技術も実用化されている.

　なお, 最近では小型のガスタービン (マイクロガスタービン, 300 kW 級) も開発され, エンジン発電機や燃料電池 (§3・4・1) とともに小型分散電源として利用されるようになってきている.

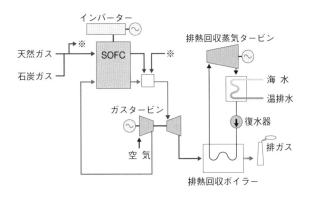

図 3・11　トリプルコンバインドサイクル発電システム
[三菱重工技報, Vol. 48, No. 3, p. 17 (2011)]

　火力発電の燃料には従来, 石炭, 石油, 液化天然ガス (LNG) などの化石燃料が用いられてきた. 石炭は固体であり取扱い上の不便さ, 煤塵, SO_x, CO_2, 残灰処理などの公害問題から 1970 〜 80 年代には石油に代替されたが(油主炭従), 石炭の低価格政策 (石油との価格差), 資源の豊富さ, **新型石炭火力発電技術**〔石炭ガス化複合発電 (IGCC), 加圧流動床複合発電 (PFBC)〕などの開発によって, 1990 年代後半から再び使用が増加している. しかし, CO_2 を多量に発生する石炭火力発電はカーボンニュートラルの世界の潮流から今後削減される方向にある (§2・1, コラム 6 など). 石油は日本では資源・環境問題から, 調整用電源設備 (§3・2) の燃料としての位置づけとなり, 図 3・1 に示したように順次, 天然ガスにとって代わられつつある. このほか, 北欧諸国などでは再生可能エネルギーの利用という観点からバイオマス (森林資源, §4・5・4) を用いようとする動きもある.

3・4 その他の発電方法

　蒸気タービン発電法のほかに，自然エネルギーによる発電法〔流れ込み式水力，地熱，太陽，風力など（第4章）〕，燃料電池発電法，廃棄物発電法，冷熱発電法（LNG 膨張タービン利用），MHD（magneto-hydro-dynamics）発電法（電磁流体発電法），揚水式発電[*1]，小水力発電[*2]，動力発電（ディーゼルエンジン発電など），上下水処理場における電力回収（東京都葛西下水処理場，金町浄水場など），電池（化学的発電法）などがある．また，夜間電力など余剰電力の有効利用法として上記の揚水式発電のほか，大電力貯蔵用二次電池（リチウムイオン電池，ナトリウム–硫黄電池など），圧縮空気発電法（地層内貯蔵，ドイツで実用化），フライホイール蓄電法，超伝導利用電力貯蔵法（中部電力）など需給の平準化対策としての電力貯蔵法の研究開発も進められている(本書では紙面の都合上，記述を割愛する)．ここでは燃料電池および廃棄物発電のみについて述べ，再生可能エネルギー利用発電については第4章で述べる．

3・4・1 燃料電池

　燃料として水素を用いる**燃料電池**（fuel cell）の原理は，図3・12に示したように，水素雰囲気下の負極（燃料極）において電極の触媒作用によって生成した水素イオンが正極（酸素極）で酸素と反応することによって水を生じるとともに電子の移動が起こる，すなわち電流が発生することを利用したものである．電池としての分類は一次電池に属する．

　燃料電池における**発生電位の理論値**は水素の酸化反応熱に相当する 1.230 V であるが，燃料電池の形式，作動温度などによって効率が異なり（型式により 30 ～ 70 %，表3・4参照），現実には 0.7 ～ 0.8 V 程度である．出力密度は 0.5 ～ 2 W/cm² 程度である．燃料（活物質）は一般には水素であるが，燃料電池の型式によって必要とする水素純度は異なる．水素発生の原料には目的，規模などによって天然ガス，メタノール，石油製品などが用いられる．

　現実の**燃料電池の構造**は図3・12のようなものではなく，電解質，電極，分離板

---

*1　夜間の余剰電力を有効活用して揚水し，昼間のピーク時間に放水発電して電力需要を平準化する方法として有効．揚水発電の総合効率は 67% 程度．日本には 40 箇所（設備能力は稼働中 2600 万 kW）で全国発電能力の 約8%（2020 年）に相当する規模となっている．大型（百万 kW 級，岐阜・福井県境白山地区など）の揚水発電所もある．
*2　身近な川や農業用水路を利用する小型（おおむね 1000 kW 以下）の水力発電設備で，全国で約 118 箇所（設備能力約 57000 kW）の実施例がある．環境問題に適合し出力も安定して好ましいが，設備が割高であることが普及の障害となっている．

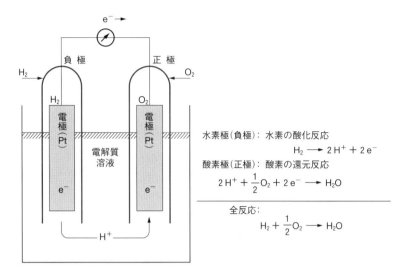

水素極（負極）：水素の酸化反応

$$H_2 \longrightarrow 2H^+ + 2e^-$$

酸素極（正極）：酸素の還元反応

$$2H^+ + \frac{1}{2}O_2 + 2e^- \longrightarrow H_2O$$

全反応：

$$H_2 + \frac{1}{2}O_2 \longrightarrow H_2O$$

図3・12　燃料電池の原理

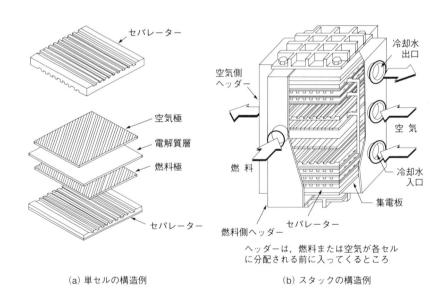

ヘッダーは，燃料または空気が各セル
に分配される前に入ってくるところ

（a）単セルの構造例　　　　　（b）スタックの構造例

図3・13　燃料電池の単セルおよびスタックの構造例
［NEDO, "燃料電池導入ガイドブック"(2000)］

（セパレーター）などをサンドイッチ状に重ねた単セル（single cell, 図3・13 a）を所要電圧，電流に応じ必要数だけ直・並列に集積したスタック構造（stack structure, 図3・13 b）をしている．単セルにおいては電解質溶液はスポンジ状多孔質に含浸されており，電極は多孔質 Ni 電極あるいは Pt 担持カーボン平板電極などから成っている．燃料（水素，改質ガスなど）および酸素（空気）は，電極あるいはセパレーターに刻まれている細溝へ送り込まれる．

　燃料電池を電源として利用するためには電池本体のほかに水素発生設備（改質器，一酸化炭素変成器など），直交流変換器，廃熱回収装置，系統電源連結設備，全システム制御装置などの付帯設備が必要である．一例を図3・14 に示す．

　燃料電池は無公害，低騒音，高発電効率，無人自動化，出力変動自由，立地不問であり，事業用，離島用，自動車用など**分散型電源**として優れた点が多い．民生用あるいは産業用燃料電池の分野では経済性（発電コスト），耐久性（寿命 10 〜 15 年），改質触媒の改良，大型化技術，システムの安定度などさらに改良を要する課題もあるが，1990 年代初頭から実用化が進められている．政府も 2005 年から燃料電池の普及に努めるようになり，2020 年には国内で家庭用燃料電池も約 40 万台に達するようになってきている（図3・15）．また自動車用燃料電池もある．自動車公害防止対策としての電気自動車とともに，世界の自動車会社各社における燃料電池

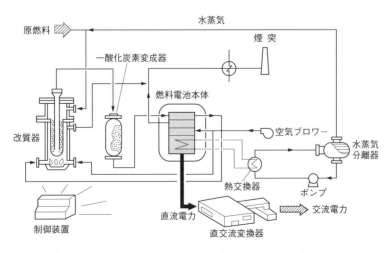

図3・14　燃料電池発電システムの基本構成〔広瀬研吉 著，"燃料電池のおはなし"，日本規格協会（1992）〕

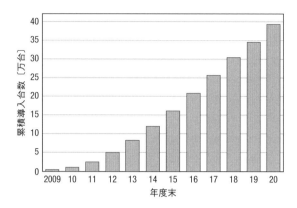

図 3・15　家庭用燃料電池の累積導入台数の推移
［“エネルギー白書 2021”］

　自動車の開発競争が進められ 2003 年頃から乗用車，バスなどによる路上走行実証
化試験が進められている．しかし，高価格のために他の自動車に比べ販売台数は伸
び悩んでいる．

　燃料電池には用途，電解質の違いなどによって種々の型式がある．表 3・4 に各
形式の燃料電池の特徴の比較を示す．

　初期のものとしてはアルカリ型燃料電池（AFC: alkaline fuel cell）があり人工衛
星（アポロ計画）などに採用された．商業用に実用化されたのは**リン酸型燃料電池**
（**PAFC**: phosphoric acid fuel cell）である．燃料水素の発生装置〔炭化水素の改質
炉（reformer）〕を必要とするが，技術は完成している．大容量設備としては 1000
kW 級のものもあるが，現在市場に供されているものは 100 〜 200 kW 級のものが
多い．

　燃料電池の実用化に最も熱心なのは日本，ついで米国である．日本では業務用の
ほかにも発電および給湯を目的とする家庭用燃料電池システム（**エネファーム***）
が 2009 年頃から普及するようになった（2020 年度までの導入約 30 万台）．システ
ム価格は当初 300 万円前後（2 kW 級）であったが，100 〜 200 万円（給湯，発電な
どのタイプにより異なる）となっている．

　溶融炭酸塩型燃料電池（**MCFC**: molten carbonate fuel cell）は改質ガス（H_2,

---

　*　都市ガスなどを原料として燃料電池を用いて発電および給湯をする設備．設置には国，自治体
　からの補助金制度もある．

表3・4　燃料電池の種類とその特徴

型　式	アルカリ型 (AFC)	リン酸型 (PAFC)	溶融炭酸塩型 (MCFC)	固体高分子-型 (PEFC)	固体酸化物型 (SOFC)
イオン種	OH^-	H^+	CO_3^{2-}	H^+	O^{2-}
電解質	KOH 水溶液	H_3PO_4	$K_2CO_3 \cdot Li_2CO_3$	フッ素系樹脂 (陽イオン交換樹脂)	安定化ジルコニア ($ZrO_2 \cdot Y_2O_3$)
燃　料	純 H_2	粗 H_2[†1]	H_2+CO_2[†2]	粗 H_2[†1]	粗 H_2[†1]
触　媒	Pt, Ni	Pt, Ni	Ni	Pt	Ni, $LaMnO_3$
作動温度〔℃〕	50 ～ 150	160 ～ 200	600 ～ 700	80(50 ～ 120)	700 ～ 1000
発電効率 (%)	60 ～ 70	35 ～ 45	45 ～ 65	30 ～ 45	45 ～ 70
おもな用途	宇宙，海洋 など	可搬型電源 産業,業務用電源 分散型電気事業	分散型電気事業 大規模発電所用 コージェネレーション (エネルギー利用 効率 75 ～ 80 %)	家庭用 可搬型電源 自動車用	家庭用分散電源 中規模発電所用 コージェネレーション (エネルギー利用 効率＞ 80 %)
実用化	1970 ～	1990 ～	2005 ～	2004 ～	2011 ～
課　題	経済性	耐久性，寿命	大型化	市場拡大	作動温度低減

†1　天然ガス，メタノール，石油類などの改質ガスより分離する．
†2　天然ガス，メタノール，石油類，石炭などの改質ガス．

CO_2) をそのまま使用できる利点と，溶融塩を用いる高温型（600 ～ 700 ℃）である
ために発電効率も高く，しかもコージェネレーションによってエネルギー効率も
75 ～ 80 %と高いなどの利点が多い．現在は中小容量（300 kW 前後）の機器を中心
に利用が進められているが，大容量（1000 kW 級）集積型による数万～数十万 kW
級の大容量燃料電池発電所の技術開発も目標としている．

　さらに高温型（700 ～ 1000 ℃）のものとして，**固体酸化物型燃料電池**〔SOFC：
solid oxide fuel cell（写真 3・1）；電解質は固体安定化ジルコニア（ZrO_2：$Y_2O_3＝$
91：8）など〕の開発が進められている．1000 ℃ 付近の高温での発電が可能であり，
コージェネレーションなどによってエネルギー効率は 80 %以上に達する．日本で
も実用化研究（10 kW 級）が進められ 2011 年には世界に先がけ初めて市販機（1 kw
級）が登場するようになった．SOFC の開発目標は数万 kW 級の中型発電所などで
あり，積極的に研究開発が進められている．

　固体高分子型燃料電池（PEFC：polymer electrolyte fuel cell）は小型軽量，かつ高

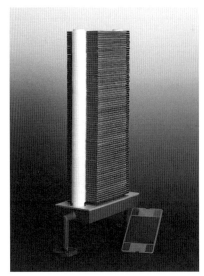

電流取出し端子：4 箇所

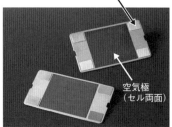
空気極
（セル両面）

セルサイズ： 10 cm×5.5 cm×1.5 mm

写真 3・1　固体酸化物型燃料電池（SOFC）モジュールの例〔日本ガイシ㈱提供〕

出力密度（＞0.8 V，0.3 ～ 1.0 W/cm^2）であるので，家庭用，可搬型電源，人工衛星，自動車用などとして注目を集めている．最近ではパソコンや携帯電話用の電源にまで用途が広がりつつある．

3・4・2　廃 棄 物 発 電

　廃棄物発電（waste power generation），すなわち“ゴミ発電”とは，工場からの廃プラスチック*や都市ゴミ，汚泥分解ガス（メタン）などを燃料として電力を回収する発電システムである（§4·5·5）．日本では 1968 年（東京都石神井清掃工場）以来着実に増加している．2018 年末で総数約 380 基（発電設備能力 約 210 万 kW）に達している．今後もリサイクル思想の進展とともにますます増加すると考えられる．

　ゴミ発電の方式には，廃棄物を低温（450 ～ 550 ℃）でガス化して燃料とする**直**

　＊　廃プラスチックのリサイクル方法には，素材の直接再利用法，モノマー回収法，油化法，燃焼熱利用法など種々の方法があり，この順に効果が高い．しかし，現在最も広く用いられているのは，効率よりも簡便性が好まれ，燃焼熱利用法すなわち熱源として回収する方法である．〔世良 力 著，“環境科学要論（第 3 版）”，東京化学同人（2011）参照.〕

接燃焼発電法と固形化燃料（RDF＊：refuse derived fuel）発電法がある．前者はガスが低カロリーであり，腐食ガスを含むなどのため小型（低温・低圧蒸気）のものが多く，発電効率が低い（10〜15 %，高温・高圧化によって 20 %程度）．また，燃焼温度が低い（450〜550 ℃）のでダイオキシン対策も必要である．効率を高めるために大型化が進み 50 000 kW 以上のバイオマス発電所が日本に 8 基以上（大船戸バイオマス発電所 75 000 kW，2020 年など）があり，また，スーパーゴミ発電方式（天然ガス混焼により高温・高圧化，効率 30〜35 %）が行われている（図 3・16）．廃棄物発電のコストは 9〜12 円/kWh で太陽光発電（12〜18 円/kWh）や風力発電（13〜20 円/kWh）よりも安く，一般火力発電のコストに近い．

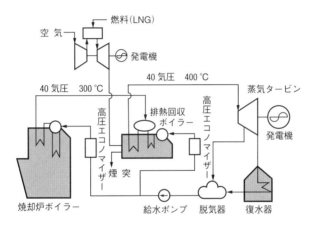

図 3・16　スーパーゴミ発電システム（ガスタービン複合発電
　　　　　　方式）の構成

　後者，すなわち廃棄物から製造した RDF を燃料として利用する発電法は，大型化も可能で効率も高い（蒸気温度 550 ℃以上，100 気圧，効率 30〜35 %）ので，ゴミ問題と資源再利用，ダイオキシン対策を一挙に解決しようとする方法であるが，RDF の保管法（自然発火事故防止）など安全上の問題に注意を要する．自治体などの広域ゴミ収集システムと大型 RDF 生産プラントとを結合した計画が各地（福岡県大牟田市など）で進められ，安全対策や経済性に注意を払いつつ運用されている．

＊　世良 力 著，“環境科学要論（第 3 版）”，p.145，東京化学同人（2011）参照．

3・5　電力自由化と電気料金

　日本の電気事業は従来政府の政策によって10電力会社による地域独占事業（発・送電独占）として行われてきた（p.77参照）．しかし2011年の東日本大震災に伴う電力不足危機（福島第一原子力発電所の事故を契機とする全国の原子力発電所の停止），東京電力の経営不振などが起こって以降，従来の電力政策の問題への反省から政府は**電力発・送電事業の分離，電力事業の自由化**（新規事業者の参入）などを目指す方向へ政策を転換し電気事業法を改正する方向となり（2013年，経済産業省電力システム改革専門委員会答申），独占体制の打破と卸売り市場の活性化による購入電力（会社）選択の自由化，電気料金の低減を図ることになった．

　日本の電気料金は現在，地域独占電気事業者の総原価制度[*1]もあって他国（欧米主要国は1990年代から電力自由化を進めている）に比べて比較的高価である（表3・5）．このため，政府（経済産業省）は料金制度の見直しや新規電気事業者（特定規模電気事業者[*2]）の参入による電気料金の自由化，FIT法の開始（コラム10）あるいは発・送電事業の分離政策などによる電力料金の低減など電力事業の抜本的見直し政策（表3・6）を進めることになった．これにより消費者は電力を販売する電力会社や電気料金を自由に選べることが可能となった．さらに新規事業者の活動育成・助成にもいっそう努力し早期の電力料金の低減（国際価格並み）の実現が待たれる．

表3・5　各国の電気料金〔円/kWh〕（2016年）

国　名	産業用	家庭用
イタリア	20 ～ 21	約 30
日　本	17 ～ 18	23 ～ 24
ドイツ	15 ～ 16	35 ～ 36
英　国	13 ～ 14	22 ～ 23
フランス	11 ～ 12	約 20
韓　国	約 11	12 ～ 13
米　国[†]	約 7	13 ～ 14

†　米国は州によって料金が異なるため平均値．
出典: 電力中央研究所による調査結果．

[*1]　発・送電に要したすべてのコスト，各種経費などに適切な利益を上乗せした価格（すべてのコストを電力料金として回収できる制度であるが，いっそうの合理化を進め電力料金の低減に努めることが求められている）．

[*2]　いわゆる新電力．特定の地域に地域に限って自前で発電および販売をする事業者．2020年には全国で約670社あり，利用者（契約者）は約20万件に及んでいる．

表3・6 おもな電力制度改革の経緯

	小売りの自由化	発送電分離
～ 1999 年	すべて規制	
2000 年	大規模工場やデパートなどを自由化	
04 年	中規模工場やスーパーなどを自由化	電力会社が一貫して運用
05 年	小規模工場を自由化	
13 年	小売りの全面自由化と発送電分離を決定[†1]	
15 年		送電網の広域運用機関[†2]を設立
16 年	**電力の小売全面自由化** （料金規制は継続）	
18 年	料金規制も撤廃[†3]	発電と送配電部門を分社化(法的分離)
20 年	配送電部門の分社化開始	

†1 順次，必要な電気事業法改正案を提出.
†2 電力の流通が適切に行われることを監視する機関.
†3 電力会社が電気料金を自由に定めることができる.

4

自 然 エ ネ ル ギ ー

　20 世紀後半頃（1980 年代）には米国の学者や一部の研究者らによって地球温暖化問題が議論されるようになったが，国際的な注目となり全世界的に議論や対策[1]，条約締結[2] などが講じられるようになったのは 21 世紀（特に 2010 年代以降）に入ってからである．地球温暖化と大気中の二酸化炭素濃度の関連は真鍋淑郎[3] らの研究などによって明らかとなってきたが原因の大きな一つは人間の活動（産業の発展）による大気中の二酸化炭素の増加である[4]．二酸化炭素の発生の原因は石炭，石油，天然ガスなどの化石燃料の大量消費である．これらの化石燃料の使用を抑制するのは**自然エネルギーの利用**であり今後の進展に期待が寄せられている．

　本章では，水力，太陽，風力，地熱などの自然エネルギーにバイオマスエネルギーも含めた再生可能エネルギーの利用について述べる．これらの多くは資源の量も莫大・無尽蔵である．資源の枯渇も環境汚染の心配もなく，うまく利用することができれば，21 世紀以降大きく期待されるエネルギー源となる．

　再生可能エネルギーには，図 1・4 のエネルギー分類にも示したように，下記のようなものがある．

　　　　① 水力エネルギー （hydraulic energy）
　　　　② 地熱エネルギー （geothermal energy）
　　　　③ 太陽エネルギー （solar energy）

---

　*1　IPCC（気候変動に関する政府間パネル）の活動や各国の対策の具体的宣言など.
　*2　"気象変動に関する国連枠組み条約（COP25, 26）"など.
　*3　真鍋淑郎博士，米国国立気象局研究員，米国海洋大気庁上級研究員，プリンストン大学上級研究者などを歴任，2021 年にノーベル物理学賞受賞.
　*4　その他の原因は，哺乳類（家畜など）のげっぷ，地球の温度上昇よる北極圏のツンドラ中にあるメタンハイドレートの溶解（メタンの発生）などがあげられる.

④ 風力エネルギー（wind-force energy）

⑤ 海洋エネルギー（ocean energy）

⑥ バイオマスエネルギー（biomass energy）

⑦ その他

　これらはかつては古典的な水車，風車による直接動力源（機械エネルギー）として利用されたこともあったが，現在ではそのエネルギーを電力に変換して利用する場合が多い．日本の現在（2020 年）の利用状況は表 4・1 のようになっており，年間原油換算 約 4000 ～ 4500 万 kL〔一次エネルギ供給量（原油換算 約 5 億 kL）の 8 ～ 9 ％〕に達しているが（図 1・11），今後さらに増加していくものと予想されている．

　しかし，自然エネルギーは図 4・1 に示したように，一般にエネルギー密度および強度因子（温度，速度，圧力など，§1・3・1）が低く，これを使いやすい二次エネルギーに変換して利用できる量は必ずしも多くはない．

　その理由は，① エネルギー密度が低く，② 現在のところではまだ変換効率が低いなど利用技術の未熟，③ 経済性（高コスト）などに問題があるためである．

　日本で現在水力以外の再生可能エネルギーの量は，総エネルギー供給量中の約 5 ％程度（2020 年）にすぎない．しかし，2011 年の福島第一原子力発電所の事故以後の電力事情の変化（原子力発電に依存する電源構成の見直しや，電力料金の高騰

表 4・1　日本の再生可能エネルギー導入量（2020 年）

		エネルギー導入量		割合(%)[†1]
発電設備	太陽光	1500 万 kL[†2]	（6000 万 kW）	3.0
	風　力	170	（ 420 　 ）	0.3
	バイオマス[†3]	620	（ 450 　 ）	1.2
	水　力	1300	（5000 　 ）	2.6
熱利用設備	バイオマス[†3]	310 万 kL		0.6
	太陽熱	40		0.08
	黒液など	470		0.9
	その他	5		—

†1　総一次エネルギー量（約 5 億 kL）における割合.
†2　原油換算した値.
†3　廃棄物利用を含む.
出典："EDMC/エネルギー・経済統計要覧（2021 年版）"，"エネルギー白書 2021" など.

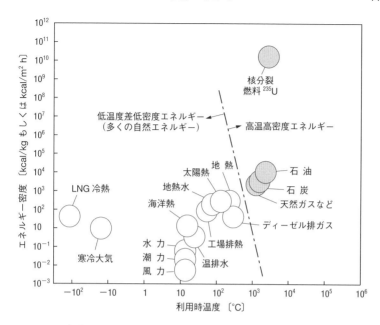

図4・1　各種エネルギーの利用時温度と密度［神谷佳男ほか 著,"エネルギー
の化学", p.212, 大日本図書（1988）より改変］

など）あるいは21世紀末以降の従来のエネルギー源（化石燃料エネルギーなど）に
限界が生じるような時代を考えると，今後は自然エネルギーにもいっそう依存せざ
るをえなくなるであろう．自然エネルギー利用技術の向上の開発努力を強化する必
要があり，今後の動向が注目される．

4・1　水力エネルギー

　地球は太陽エネルギーをエネルギー源とするある種の熱機関であるが，なかでも
太陽熱による地球上の水の循環（海水の蒸発，降雨・雪）は年間100兆トンにも及ぶ．
このうち世界の水資源量（電力換算）は約41兆 kWh/年といわれ，そのうち技術的
に開発可能な水資源量は世界の電力需要量約20兆 kWh/年の約80％程度といわれ
ているが，実際に発電されている水力発電量は約1億3100万 kW のみである．世
界で水力発電量が多い国は表4・2に示したような国であり，日本も世界第6位の
水力発電国である．

　水力発電（hydro-electric power generation）は，① 資源量が多いこと，② 発電コ

表 4・2　水力発電量が多い国（2020 年）

中　国	35.6 千万 kW	ロシア	5.1 千万 kW
ブラジル	11.0	日　本	5.0
米　国	10.3	インド	3.2
カナダ	8.1	ノルウェー	2.6

出典: "エネルギー白書 2021".

ストが安いことなどの利点が多く，エネルギー源として今後とも大きく期待すべき
ものであるが，③資源が遠隔地にあること（立地問題，遠距離送電），④初期投資
負担が大きい*こと，⑤計画から完成までのリードタイムが長いことなどの欠点
がある．

　日本の水力発電設備能力は 5000 万 kW(2020 年)であり，総発電設備能力(29,400
万 kW)の約 17 ％相当である．しかし，年間発電量は約 860 億 kWh〔EDMC/エネル
ギー・経済統計要覧(2021 年版)〕であり,総発電量の約 8.9 ％程度にとどまっている.

4・2　地熱エネルギー

　地熱エネルギーは，①資源の枯渇がない，②エネルギー密度が高い，③季節・
昼夜の変動がなく，稼働率が高い（平均 66 ％），④二酸化炭素排出問題がない，
⑤技術は完成している，⑥経済性も高いなどの利点があるため実用化段階となっ
ている．反面，(a)資源が偏在している，(b)自然環境問題（国立公園保護，廃水処
理）などの課題もある．

　地熱利用には，図 4・2 に示すように，①浅部地熱利用，②深層地熱利用，
③高温岩体エネルギー利用，④マグマ利用などの方法がある．

4・2・1　浅部エネルギー利用

　現在最も広く利用されている方法であり，深度 3000 m 未満の地熱を利用している．
1) 低温熱水利用
　火山性の熱水貯留層にある熱水（90 ℃以下）を利用するもので，温泉，地域冷
暖房，冬季の融雪水，ハウス農業の熱源などに広く利用されている．

---

*　各種発電方式の建設費比較〔万円/kW〕

水　力	50 ～ 75	原子力	30 ～ 40
LNG 火力	10 ～ 20	太陽電池	20 ～ 30

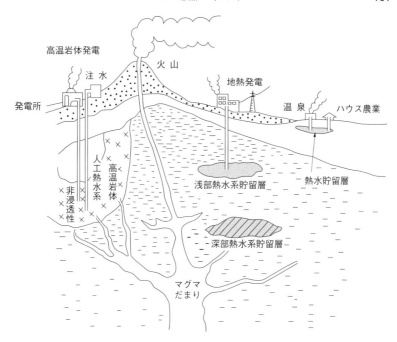

高温岩体発電

火 山

注 水

地熱発電

発電所

温 泉

ハウス農業

人工熱水系

高温岩体

非浸透性

浅部熱水系貯留層

熱水貯留層

深部熱水系貯留層

マグマだまり

図4・2　地熱エネルギーの利用体系

2）中・高温熱水および蒸気の利用

　いわゆる**地熱発電**としての利用である．通常は，図4・3に示したように，中温（90〜150℃）あるいは高温の蒸気（150〜200℃以上）のみを利用する（**気水分離復水発電**）．日本では，九州電力の八丁原発電所（大分県九重町，5.5万kW×2系統，写真4・1）をはじめとして43箇所に地熱発電所があり（2016年），そのうち1000kW以上の発電所は19箇所である（日本地熱協会）．発電コストは12〜30円/kWh（規模による）程度であり，かなりの競争力がある．

　地熱の利用効率をさらに高める方法に**バイナリーサイクル発電**（binary cycle power generation）がある．この方法では，図4・4に示したように，低沸点の媒体（アンモニア，プロパン，ブタンなど）を利用して地熱蒸気および熱水の両方のエネルギーを活用して発電する．全国には菅原バイナリー発電所（大分県九重町，5000kW）や八丁町発電所（気水分離発電以外のバイナリー設備，2000kW）など24の発電所がある．

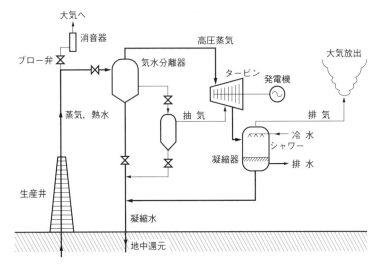

図4・3　気水分離復水発電の原理

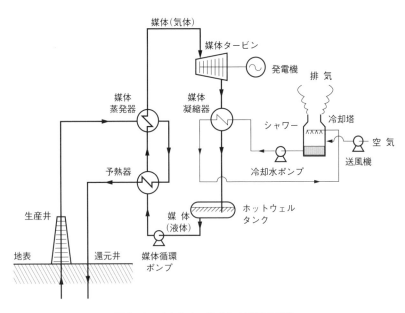

図4・4　バイナリーサイクル発電の原理

写真 4・1　地熱発電所の例（九州電力　八丁原地熱発電所）〔九州電力(株)提供〕

4・2・2　深部エネルギー利用（高温岩体発電）

地下 5000 m 以上の深層部にある非浸透性高温岩体に，地上から注水し地中に人工蒸気貯留層を形成させる．ここで発生した高温・高圧の蒸気（200 ℃ 以上）を回収して発電する．通常の地熱発電よりも大規模な発電が可能（10 万〜 20 万 kW 級）であり，日本でも 2050 年頃の実用化を目指して研究開発および実証化試験（NEDO による山形県肘折など）が進められている．

4・2・3　地熱発電の状況

世界では表 4・3 に示すように米国をはじめ多くの国で地熱発電が行われている．日本は世界第 10 位の地熱発電国であり，2020 年の時点では自家用を含め 20 基，約 53 万 kW に達している．日本の地熱資源量は約 2300 万 kW 相当で世界第 3 位の量を誇る（表 4・3）．そのうち比較的開発容易な深度である 2000 m 以内の浅部エネルギー量は 250 万〜 500 万 kW 相当といわれている（資源エネルギー庁）．政府も開発に熱心であり，将来は地熱発電設備能力を 170 万 kW 程度にまで増強する考え（日本地熱学会）である．

地熱開発は，NEDO を中心に，全国の約 70 箇所の地点で開発調査が進められて

いる．しかし，開発予定地点の約 80 ％が国立公園などの保護地域であったり，周辺（温泉地域）への影響，経済状況の変化などもあって開発は停滞し，発電量も 1997 年をピークに減少傾向にある（図 4・5）．政府（環境省）は 2012 年に国立公園

表 4・3　世界の地熱資源量と地熱発電設備能力〔kW〕

	地熱資源量（2010 年）	発電設備能力（2019 年）
米　国	3000 万	259 万
インドネシア	2779 万	213 万
フィリピン	600 万	193 万
トルコ	―	151 万
ニュージーランド	365 万	97 万
メキシコ	600 万	94 万
ケニア	700 万	82 万
イタリア	327 万	80 万
アイスランド	580 万	75 万
日　本	2347 万	53 万
世界計	―	1400 万

出典："エネルギー白書 2021"．

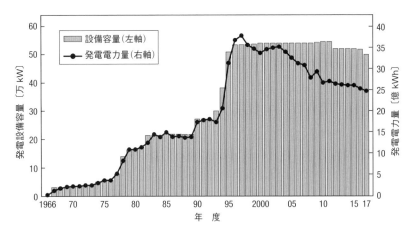

図 4・5　日本の地熱発電設備容量および発電電力量〔火力原子力発電技術協会，"地熱発電の現状と動向 2018"〕

内での規制を緩和し，規制地域以外からの斜め堀りによる地熱の採取や温泉水によるバイナリー発電を認めるようになり，国立公園など規制区域内での大規模発電所（福島県土湯地区 400 kW，宮城県鳴子町）などの建設も認めている．

このように地熱利用，特に地熱発電は実用化の段階にあるが，今後の課題としては，

① いっそうの大型化（大規模資源の探査，開発，機器の大型化）

② 経済性の向上（掘削・開発リスクの低減，機器の改善・腐食対策，コストダウンなど）

③ 周辺地域保護（国立公園の保護，近接温泉地域の保護，熱排水・重金属・地盤沈下などによる公害防止）

などの問題も残っている．

4・3　太陽エネルギー

太陽エネルギーの源泉は太陽における重水素などの核融合反応である．そのうちの約 22 億分の 1 が太陽光（波長 0.2 〜 3 μm の電磁波，図 4・6）として地球（大気圏外）に照射される（173 兆 kW 相当）が，その一部は大気に反射・吸収されて地上に達するのはそのうちの約 70 ％だけである．

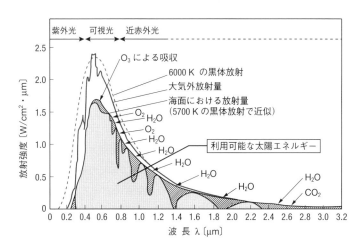

図 4・6　太陽光の分光放射強度特性［日本太陽エネルギー学会 編，“太陽エネルギー読本”，p.10，オーム社（1975）より改変］

　地球に到達する太陽エネルギーの量は1.38 kW/m²（大気圏外）であるが，大地の表面では平均1 kW/m²程度（世界の晴天昼間）であり，そのエネルギー密度は意外に低い．しかも場所（緯度），季節（夏冬），時間（昼夜），天候（晴雨天）によって大きく異なる．太陽エネルギーは熱エネルギー，光エネルギーとして利用され，日照が強く晴天の多い赤道地帯，アフリカの砂漠地帯，米国西海岸，オーストラリアなどが太陽エネルギーの有効利用に適した地域といえるが，技術開発の進展，経済性の向上などによって中緯度のヨーロッパでも広範に利用されるようになってきている（図4・12参照）．

　上記のように太陽エネルギーは，

　　1）無限の再生可能エネルギーである
　　2）その総量も莫大である（地球に注がれる太陽エネルギーの1時間分が世界の1年分のエネルギー消費量に匹敵する）

などの大きな利点があるが，

　　a）エネルギー密度が低い
　　b）時間，季節変動が大きい
　　c）現在の太陽エネルギー変換効率（技術）がなお十分でない（表4・4参照）

などの欠点もある．a），b）は自然現象でありいかんともしがたいが，c）は技術の問題，課題であり世界での研究・技術開発が急速に進められているので，今後大きな進展があると期待される．

4・3・1 太 陽 熱 利 用

　太陽熱利用法には太陽熱発電，太陽炉などもあるが，広く普及しているのは太陽熱温水器，ソーラーシステム（補助熱源付き）である．

A　太陽熱温水器

　1〜2 µmの赤外線を黒色のコレクター（受熱器）で吸収し温水（100 ℃以下）をつくり，給湯，冷暖房，海水淡水化（中東砂漠地帯）などに利用するものである．

　温水器のエネルギー変換効率はコレクターの性能によって決まるので，コレクターには種々の工夫（コレクターの高表面積化，表面の赤外線吸収増進，遠赤外線放射抑制対策，高熱伝導性材料）がされている．このため，太陽熱温水器の熱交換率は50〜55 ％とかなり高い．

　太陽熱温水器では器内の水は自然循環方式となっているが，比較的大型のソー

ラーシステム（solar thermal system）といわれるものではポンプにより水を強制循環させるものが多く，また季節・天候変動対策として補助熱源(石油ヒーターなど)を併用しているものが多い.

　日本では，オイルショック（石油危機）前後の 1975 年頃から急速に普及し，ピーク時には全国で太陽熱温水器の設置件数が年間約 80 万台強も新設された（1980 年）が，その後は低迷している*. 太陽熱エネルギーの利用量は，1990 年代には年間原油換算 130 万 kL 相当（全国の石油使用量の 0.2 ％程度）の利用があったが 2010年代には 20 ～ 30 万 kL にまで低迷している.

B　太陽熱発電

　太陽光を集光して温水ではなく高温・高圧の蒸気を発生させ蒸気タービンによって発電するシステムである（図 4・7）. 集光法にはタワー型（平面鏡，凹面鏡など）と曲面集光型（トラフ型，フレネル型など）がある. いずれの場合も集光器を太陽追尾装置によって自動回転させ，太陽エネルギーを最大限利用できるように設計されている. 各国で実証試験（日本 1000 kW，ロシア・クリミア 5 万 kW，米国・モ

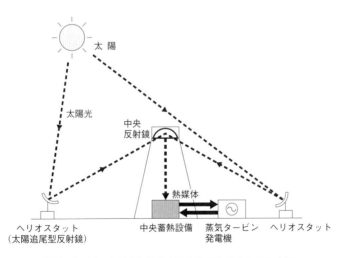

図 4・7　ビームダウン集光太陽熱発電システムの概念図

---

　*　再生可能エネルギーの普及は，化石燃料(石油)価格に左右される. 太陽熱温水システムの設置も石油危機を契機として 1980 年代は急増したが，1990 年代以降は石油(灯油)の安値傾向のため全体としては減少一途の状況となり，2020 年頃には年間 2～3 万台の設置にとどまっている.

ハーベ砂漠 35 万 kW 商用設備など）が行われたが, 種々の問題が残されている（コラム 7）. しかし, 2009 年以前には世界で 40 万 kW 程度であった太陽熱発電設備が, 高性能集光反射鏡（ハイパーヘリオス）を利用するシステムなどの技術開発の進展とともに, 2015 年頃には 10 倍以上（世界で約 440 万 kW, 内スペイン約 220 万 kW, 米国約 170 万 kW, モロッコその他 50 万 kW）となってきている.

C　太　陽　炉

　太陽光を凹面鏡などで集光して, 高温（1000 ℃ 以上）を発生させ熱源として利用する方法である. 古代から利用されてきたが（たとえば古代ギリシャにおけるオリンピック聖火の採火など）, 現代では太陽自動追尾型鏡面と凹面反射鏡による集光によって金属の精錬（溶融）などが試みられた. フランス・ピレネーの太陽炉（大型平面鏡 70 枚, 直径 25 m の巨大な凹面鏡によって 3000 ℃, 1000 kW を発生）などの例がある.

4・3・2　太陽光利用・太陽電池

A　太陽電池の原理

　自由電子を生成する n 型半導体（ケイ素などに微量のリンなどのドナーを添加したもの）と, 電子のホール（hole, 正孔）を生成する p 型半導体（ケイ素などに微

コラム7　科学・技術は万能ではない

　太陽熱発電には広大な面積, 多数かつ高性能の集光鏡, 高価な太陽自動追尾装置などの課題（発電コスト）もあったが, 科学以前の問題〔鏡の曇り（塵垢, 鳥の糞など）対策, 多数の鏡の保守（点検・更新）など〕も実用化を妨げている. 自然（植物など）はこのような問題を簡単に解決しているが, 人間はこの小さな問題のために大きな技術（太陽熱発電）を活かすことが難しいことがある.

　科学は万能ではない！　高度な技術も小さな問題から失敗することがある！（千丈の堤も蟻の穴から崩れる）ことをよく考えたい. 技術の世界では高度な技術（ハイテクノロジーなど: local best）よりも, 地道ではあるが着実な総合技術（ローテクノロジーなど: total best）が成功を収めることも多いのである.

　たとえば太陽電池と太陽熱温水器では省資源(エネルギー償還率), エネルギーコスト, 保守管理, 寿命などの総合力ではどちらが有利なのであろうか？

量のホウ素などのアクセプターを添加したもの）を接合した素子（光を透過しやすいように薄くしたn型半導体薄膜をp型半導体上に接合）に光エネルギーを加えると電流（電子の流れ）が発生する．発生するのは直流電流である．起電力は1.0〜1.2(最小0.6〜最大1.4) V程度である．

　太陽電池（solar cell）は1954年，米国ベル研究所のG.L. Pearsonによって発明された（p-n接合ケイ素単結晶）．太陽電池の構造例を図4・8に示すが，実用化されているものにはさらに種々の改良が加えられている．

　電流を発生させる光の波長は図4・9に示したように太陽電池の種類によって異なる（結晶型と非結晶型では吸収波長が異なる）．この波長域の差を利用して異なる形式の太陽電池を組合わせる（タンデム化）ことによって，全波長域で出力が得ら

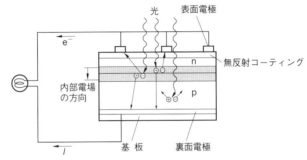

（a）太陽電池の基本構成［宮本健郎 著，"エネルギー工学入門"，p.75，培風館（1996）より改変］

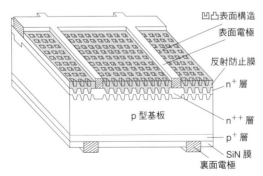

（b）太陽電池の構造例［NEDO資料より］

図4・8　太陽電池の原理と構造

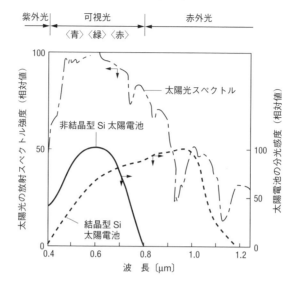

図 4・9　太陽光スペクトルと太陽電池の分光感度 ［桑野幸徳 著,
"太陽電池を使いこなす", p.83, 講談社 (1992)］

れるようにしたものもある.

B　太陽電池の種類

　化合物の種類により, 結晶型 (単結晶型, 多結晶型), 非結晶 (アモルファス) 型,
化合物半導体型など各種のものがある. 各型式の太陽電池の簡単な比較表を表4・
4 に示す.

　単結晶型は最初に発明された太陽電池である. 溶融シリコンの引き上げ法によっ
て製造される Si 単結晶型が多い. 単結晶は生産性が低く (エネルギー消費が多い,
低速度), ウェハー (Si 薄膜) 加工の無駄も多いので電池の価格が高価である. エ
ネルギー変換率は高いが, (セルの実証済最高値25 %, モジュールとしての市販品
16 %程度) 大型のものを作りにくいという欠点がある. 構造的には受光面積を大き
くするために表面を凹凸構造にしたり, 表面での光反射防止対策を施したり, ある
いは Ga-As 素子などとタンデム化して変換効率をさらに高めるなど種々の改良研
究が試みられている. 用途は価格よりも性能を重視する動力用 (人工衛星, ソー
ラーカーなど) に用いられることが多い.

　多結晶型は鋳型を用いるキャスティング法, 塗布法などにより生産することがで

表4・4　各種太陽電池の比較

型　式	エネルギー変換効率（％）		特　徴	欠　点	おもな用途
	単セル実証値	モジュール製品			
Si 単結晶型	〜 25	12 〜 23 †	高変換率	大型化に難点 高価	動力用
Si 多結晶型	〜 20	〜 17	中型作製可 量産可能（比較的安価）		住宅用 メガソーラー用
Si 非結晶型 （薄膜型）	〜 20	〜 10	大型作製可能 安価（大量生産可）	低変換率 経年劣化あり	家電等民生用
化合物半導体型			高変換率	大型化に難点	宇宙用など
（Cd–Te 系）	〜 17	〜 10			
（CIS 系）	〜 20	〜 15			
（CIGS 系）	〜 20	〜 13			
その他					
有機薄膜型	〜 10	〜 4	低コスト		実用化開発中
色増感型	〜 11	〜 9	省資源		開発研究中
量子ドット型	〜 4	——			基礎研究中

†　実用化システムの状態では各種効率低下のためおおむね 16 〜 19 ％程度.

き，大型（250 cm² 程度）のものを生産性よく製造することもできるので（大量生産），比較的安価に生産可能である．変換効率はさほど高くはないが（実証済最高値20 ％，通常 10 〜 15 ％），大容量の発電用などに用いられることが多い．

　非結晶型（アモルファス型）は，CVD 法（chemical vapor deposition，化学蒸着法）などによって製造される p-i-n 型ケイ素薄膜を素子とする．材料費が安く，大型モジュール（1200 cm² 以上）も製作可能であり，生産性も高いので安価な太陽電池（結晶型の1/100）を製造することができる．結晶型が赤外光をよく吸収するのに比べ，非結晶型は可視光をよく吸収する（図4・9）ので，室内光・蛍光灯でも作動する．変換効率はあまり高くないが（通常 10 ％程度），安価であり，電卓，住宅用太陽電池素子など，民生（家電）用に広く用いられている．このほか，近年いわゆる“塗る太陽電池”（建物の壁面などに乾燥後に半導体となるような材料を塗布するもの，東京大学/三菱ケミカルなど）や“曲がる太陽電池”（フィルム型ペロブスカイト太陽電池，NEDO/東芝など）などの新しい技術の研究も進められている．

　化合物半導体型には Ga-As，Cd-Te，In-P，CIS(Cu-In-Se)，CIGS(Cu-In-Se-

Ga）型など各種のものがある．変換効率は理論的にも実際にも高いので（試作品18～25％，モジュールで～13％程度）次世代太陽電池として期待されており，さらなる効率向上，大型化に向けて研究中である．

　また**有機薄膜型**の実用化研究が近年進行している．有機半導体をプラスチックなどの表面に塗布する型式で，大型のものを安価に製造できる利点がある．現在研究中で変換効率は8％程度であるが耐久性の課題もある．さらに最近では量子ドット型のセルの研究も進められている．

C　太陽電池の用途と太陽光発電システム

　太陽電池は独立型の電源であり，電力網による送電が不要である特長がある．この利点を活用して個人住宅，個別事業所，過疎地，離島，あるいは遠隔地などにおける**個別分散型電源**として有力である．業務用としては100～500 kW程度の設備が多い．一例を写真4・2に示す．さらに近年は太陽電池を利用する大型発電所（いわゆる“メガソーラー”，§4・3・3）も多数建設，稼働が進められている．

　また，地球温暖化対策（二酸化炭素発生がない電力）の有力な手段として注目さ

写真4・2　公共・産業用太陽光発電システムの例（西日本高速道路(株)吹田IC）
　　　　　［京セラ(株)提供］

れており，政府も制度的助成によって民生用太陽電池の導入を支援する政策*を
採っている．住宅用設備は，電力消費量に見合いの3〜5 kW 程度のものが多い．
一例を写真4・3に示す．最近では住宅用の太陽電池には建材一体型のもの（屋根
材）もできており機能的にもデザイン的にも優れた製品となっている．

写真4・3　住宅用太陽光発電システムの例［京セラ(株)提供］

　太陽電池を利用するには，電池本体のみがあればよいわけではない．太陽電池を
電力設備として利用するためには，太陽電池を中心に種々の付帯設備（**太陽光発電
システム**）が必要である．まず，必要な電圧（たとえば100 V）を得るためには太
陽電池を直列に連結（約100 個）したモジュールが必要であり，必要な電流（たと
えば50 A）を得るためにはこのモジュールを必要数（20〜50 個）だけ並列したパ
ネル（アレイ）が必要である．さらに太陽電池が発生するのは直流電流であるので，
これを交流電流に変換するためには直交流変換器(インバーター)，トランス，接続
箱（開閉器内蔵）などが必要である．このほかパネル架台，系統連携制御システム
（売電・買電電力保安装置），電力量計，補助電源（電池，あるいは遠隔地・離島な
どの大型設備の場合はディーゼル発電機など）その他の設備が必要であり（図4・
10），電池本体（パネル）以外にも多額の費用が必要である．システムの価格は当初

---

*　余剰電力買取制度（2009 年）や FIT 制度（コラム 10）など．

---

200 万円/kW（住宅用設備の場合）程度であったが，年々価格も下がり現在は 30 万円/kW 程度となっている（E 項参照）．このほか，パネルのモジュール欠陥〔F 項（1）参照〕対策も不可欠である．

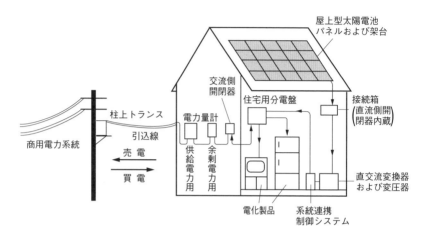

図 4・10　太陽光発電システムの例〔ソーラーシステム振興協会資料などより〕

D　太陽電池の実績

　世界の太陽電池の生産量は 1990 年代以前は 5 万 kW 程度であったが，1995 年頃から急増し始め 2019 年には世界で約 1 億 4000 万 kW に達している．日本はかつては世界の約 45 ％を占め世界第 1 位（2006 年）であったが，その後ドイツ，中国*に追い越され世界第 5 位にとどまっている（図 4・11）．日本の太陽電池の出荷量は 500 万 kW 程度である．出荷量は 2008 年までは国産 100 ％であったが，その後は海外産（主として中国）に切替わり，2019 年以降は国産比率は 10 ％以下となっている．

　日本の太陽光発電設備の設置状況は 2003 年度には約 90 万 kW で世界一の規模であったが，その後，中国，米国にも追い抜かれ世界第 3 位（約 6300 万 kW）にとどまっている（図 4・12）．世界の設備は約 6 億 2000 万 kW（2019 年）にも達し，太陽光発電設備の増強は今後とも大幅に伸びるものと予想され，国別の状況を見ると図 4・12 に示したように中国，米国，インド，ドイツなどの国で普及が続いている．

---

　* 中国は生産量では世界第 1 位となっているが，その多くは輸出向けであり，安価な製品で世界の市場を席巻している．

　太陽光発電設備の普及には経済性が要点であり，価格の低下とともに政府の推進政策（補助金制度や電力買い上げ価格制度など，コラム 8，コラム 10）のいかんによっても変動しがちである．

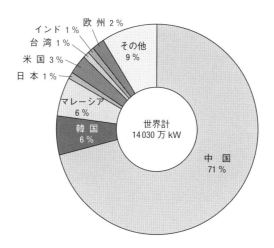

図 4・11　世界の太陽電池生産量（2020 年）［“エネルギー白書 2021”］

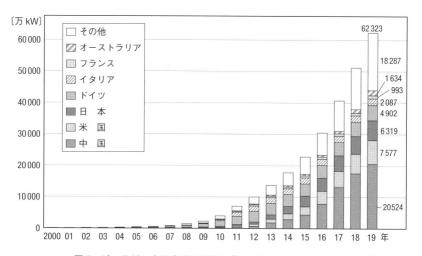

図 4・12　世界の太陽光発電設備の導入状況［“エネルギー白書 2021”］

E 太陽光発電の経済性

太陽光発電普及の鍵は設備の価格と政策[*1]である．太陽光発電設備が公共施設などに先駆けて住宅用に採用されたのは 1993 年であった．当時の設備費は 300 万円/kW 前後であったが，技術の進歩や大量生産によるコストダウンによって現在（2020 年）では当初の価格の 1/10 程度，住宅用は 25 ～ 30 万円/kW 程度（図 4・13），非住宅用[*2]は約 20 万円 kW 程度にまで下がってきており，投資は 7 ～ 9 年で回収できる（投資と売電収入との差）までになっている．さらに普及が進めば 2030 年頃には住宅用で 20 万円/kW 程度，非住宅用で 10 万円/kW 程度にまでになると期待されている(資源エネルギー庁)．このような障害を乗り越えるために，各国で政策的対策が進められている．日本でも，経済産業省を中心に種々の助成策が行われている〔F 項(6)参照〕．

太陽光発電による現在の発電コストは住宅用 25 円/kWh（産業用 15 円/kWh）前後であり，現在の電力料金（住宅用 20 ～ 25 円/kWh，産業用 15 ～ 20 円/kWh）と十分競争できるようになっている．離島用（25 ～ 30 円/kWh 程度）などとしても

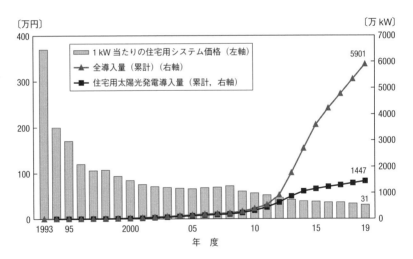

図 4・13 住宅用太陽光発電の国内導入量とシステム価格の推移
["エネルギー白書 2021"]

---

*1 設備への補助金（コラム 8），余剰電力の買い取り制度（FIT 法，コラム 10 など）．
*2 非住宅用（産業用ともいう）とは一般住宅用（おおむね 10 kW 未満の設備）以外，たとえば公共施設，商業施設，売電用発電所（メガソーラー）などで用いられているものをいう．

十分利用可能である．さらに上記のような設備のコストダウンと，F項(2)で述べるような市場の拡大ができれば，2030年頃には火力発電料金以下の7円/kWにするという目標も不可能ではなく（表4・5，なお米国は2020年に6米セント/kWとする目標をもっている）より広範囲での利用に期待がもてる．日本の太陽光発電の設置容量は2019年現在約5900万kWとなっている．

　なお，太陽光発電のような優れた発電方式は単なる経済性（発電コスト）だけで判断してよいものではない．エネルギー償還年数や拡大再生産性などを考慮し，さらには将来のエネルギー問題，地球環境問題への貢献*などのより広い視野に立って普及，採用に努めるべきであろう．

表4・5　太陽光発電技術の開発目標

	2020年	2030年	2050年
発電コスト〔円/kW〕	14	7	7以下
モジュール変換効率（%）†	20(25)	25(30)	40
国内向け生産量〔万kW/年〕	200〜300	600〜1200	2600〜3600
海外市場向け〔万kW/年〕	300	3000〜3500	〜30000
おもな用途	住宅・公共施設など	住宅・公共施設など，民生・業務用	住宅・公共施設など，産業用，運輸用，独立電源

†　実用モジュール．（　）内は研究目標．
出典：NEDO，"太陽光発電ロードマップ（PV2030＋）"．

F　太陽光発電の問題点（課題）

　太陽光発電の普及を妨げる種々の要因がある．以下に列挙する．

　1) 技術的課題　　太陽光エネルギーの変換効率向上については，電池本体の改良に種々の努力も重ねられているが，化合物半導体の実用化開発促進などの新材料の開発，波長域拡大（図4・9）などさらなる改善が進められている．単独で不十分な場合にはタンデム化による変換効率向上なども有効である．

　なお，太陽電池モジュールは多数の太陽電池素子が直・並列して構成されている．このため，素子の1個でも故障（あるいは落葉などの付着物による発電停止）をすると，その素子を含む直列系の回路全体が機能停止してしまう．このようなモジュールの欠陥セル障害問題などもある．このため，安定した太陽光発電のために

---

*　太陽光発電は単なる化石燃料資源の保護のみではない．たとえば，住宅用発電設備（3kW）1台の設置による二酸化炭素削減効果は，森林に換算すると約140m^3に相当するともいわれる．

はバイパスダイオードシステムなどの対策が必要であり，さまざまな技術開発が進められているが，いまだ十分ではない．

2) 経済性向上　　E項でも述べたように太陽光発電の拡大を支配する大きな要因は経済性（設備投資額，売電価格）である．電池本体の価格は年々低下してはいるがさらなる高効率太陽電池の開発，製造法の改良，大量生産技術の確立などによって電池本体価格を 30 円/W 以下（目標価格）としたい．また，電池本体価格のみでなく太陽光発電システム全体としてのコストダウン（システム全体の価格のうち電池以外の部分のコストは約 40 ％を占める．住宅用設備の目標価格は 10 万円/kW）も課題であり，政府などによる補助政策（(6)項参照）も強化の必要があろう．

なお，技術的対策のほか，市場の拡大（量産効果によるコストダウンなど）も価格低減への有効な対策である．日本における住宅用太陽光発電設備の，設備価格の低下状況は図 4・13 に示したようであり，市場の拡大とともに設備価格も低下している．日本の住宅用太陽光発電施設の導入件数は図 4・14 に示したように約 270 万件（2019 年度）に達している．しかし全国の一戸建て住宅数は約 2900 万戸あるので普及率は約 9 ％でしかない．一戸建て住宅の 3 戸に 1 戸程度が屋根に太陽光発電設備を設置するようになれば，上記の目標の実現も可能になるであろう．

3) 季節，時間，天候変動への対策　　太陽電池による発電は冬季，夜間，雨天

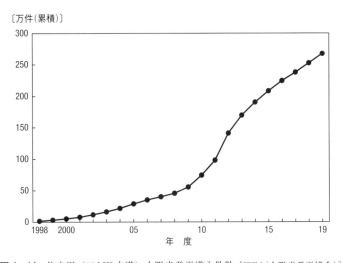

図 4・14　住宅用（10 kW 未満）太陽光発電導入件数［JPEA(太陽光発電協会)］

時には発電能力が激減する．このため，補助電源システム（ディーゼル，蓄電池など）が必要となることが多く，経済的な問題などが発生することがある．補助電源システムとしては電力会社との連携や非常用ディーゼル発電機のほか，家庭では電気自動車の電池の利用も有効であり，また大電力貯蔵用二次電池（NAS 電池など）の実用化が期待されている．

4) 設置場所の制限　　太陽エネルギーはエネルギー密度が低い（平均 1 kW/m^2）うえ，上記のような季節・時間・天候要素によって変動があるため設備稼働率が低い（平均 約 12 %）．このため，たとえば 100 万 kW の発電所（通常の火力あるいは原子力発電所相当の規模）を建設するには約 20 ha の用地（東京ドームの 300 〜 400 倍，通常の火力発電所の 10 〜 30 倍）が必要であり，集中大型発電設備の設置には用地確保問題がある．大型太陽光発電設備にはメガソーラー（次ページ）の実用化も進められているが，一般には中小型の設備を分散して多数設置するのが好ましく，その意味から住宅，ビル，事業所の屋上などが設置場所としては最適であろう．

5) 導入可能量　　太陽電池は 3),4)などの制限があるために，すべての電源に代替できる規模の設備を設置することはできない．国内の太陽光発電能力の上限は 7300 万 kW であるとする試算（経済産業省，総合エネルギー調査会エネルギー部会）もあるが，仮に国内の一戸建て家屋 2900 万戸のすべてに太陽電池（平均 5 kW）を設置し，平均稼働率 15 %としても発電能力量は約 2000 万 kW 程度である．さらにメガソーラー発電所の開発 250 箇所（20 万 kW 級，稼働率 15 %）の発電可能量 700 〜 800 万 kW を加えても（合計 2700 〜 2800 万 kW）全国の発電能力（約 3.0 億 kW，2020 年）の約 9 %程度にしか相当しない．

上記のようなことを考えると，日本で期待しうる太陽光発電量は最大でも全電力需要の約 10 %程度であり，残りの 90 %はその他の方法（たとえば，化石燃料発電，風力，地熱，原子力発電などによる発電）に頼らざるをえないという事実が浮かび上がってくる．これは**太陽エネルギーに過大な期待をもち，その他のエネルギー対策あるいは環境対策を軽んじてはならない**という警告である．

しかし一方で，太陽光発電に期待する発電量（昼夜間の電力需要の差）が 1000 万〜 1500 万 kW であるということは，全国の一戸建ての住宅の約半数に太陽電池を設置できたら十分であるということである．この効果は，原子力発電所（あるいは化石燃料発電所）10 〜 15 基を廃止できるという大きな意味もあり，自然エネルギーの利用が資源の保護，地球環境の保護にいかに効果があるかもわかるであろう．

6) 政策支援　　太陽光発電は，将来のエネルギー対策および地球環境対策の一つ

として重要な意義をもっているが，上記のように経済性の問題などのために民間活動努力だけでは普及が困難である．このため中国，米国，ドイツをはじめとする世界の各国も政府を中心にさまざまな促進政策を進めている．日本も経済産業省を中心に技術開発援助（NEDO など），あるいは設備投資助成電力の買い上げなどの普及政策に努力している．経済産業省は，(財)新エネルギー財団の“住宅用太陽光発電導入基盤整備事業”などを通じて規模に応じて設備費を補助（コラム 8）や発生電力の強制買い上げ制度（FIT 法，コラム 10）などを通じて普及に努めている．

太陽光発電の開発・普及には国あるいは自治体のなおいっそうの政策的努力が必要である．一部の自治体（東京都，大阪府，愛知県，福井県，長野県，神戸市，松山市など全国で約 200 の市町村），電力会社，市民団体などでは上乗せ補助事業（東京電力など）を行っているところもある（コラム 8）．ドイツ（アーヘン市），北海道の市民団体などのように，電力料金の一部（1％程度）を再生可能エネルギー促進費用として積み立て，再生可能エネルギー開発（太陽光発電，風力発電設備など）へ還元している例も参考にしたい．

4・3・3　大規模太陽光発電

前記のように，地上では季節，時間（昼夜），天候（晴雨天）によって太陽エネルギー量が変動し，また太陽エネルギー密度も低いので太陽光発電には限界もある．

この欠点・課題を打開する，あるいは 21 世紀末の化石燃料枯渇対策，地球温暖化防止対策などのために，種々の制約を飛び越えた下記のような大型プロジェクトが進められている．

1）メガソーラー発電所　　1000 kW 以上の大型太陽光発電所のことで国有地，工場跡地，遊休地（休耕田など）を利用して大型太陽光発電設備を建設する．日本

コラム 8　太陽光発電設備への補助制度

個人住宅への太陽光発電の導入を促進するために国（政府），自治体（都，県，市町村）が個別設備に設置費補助金を支給する制度．国は 1994 年より開始した．2005 年に予算不足のために一時中止したが，その後普及が停滞したのを見て 2009 年度から再開し，現在（2020 年）も継続している．国とは別に自治体の補助制度もあるが，個々の自治体によって条件が異なることもある．一方，売電型の太陽光発電に関する国の補助金制度は 2014 年に終了したままとなっている．

では約 3600 箇所にメガソーラーがあり，その設置容量は約 3900 万 kW に達しており，なかでも瀬戸内 Kirei 太陽光発電所（岡山県，23.5 万 kW，写真 4・4），六ケ所ソーラーパーク（青森県，15 万 kW），宇久島ソーラーパーク（長崎県，43 万 kW，2022 年建設中）などの大型メガソーラー施設が稼働している．なお，近年メガソーラー発電設備を設置するために森林や山地などを大規模開発する事業者があり環境破壊（土砂流出，山崩れ，景観破壊など）を起こすケースがあり配慮が必要である．世界では中国（85 万 kW 級），インド（65 万 kW 級），米国（60 万 kW 級）などの大型メガソーラーも稼働している．

写真 4・4 瀬戸内 Kirei 太陽光発電所［瀬戸内 Kirei 未来創り合同会社提供］

　2）GENESIS 計画（Global Energy Network Equipped with Solar Cells and International Superconductor Grids 計画）　日射量が豊富な複数の砂漠地帯（太陽光が強く，土地が広く，晴天に恵まれている）に大規模な太陽光発電設備を設置し，それらと世界各地（大消費地）を送電損失がない超長距離超伝導ケーブル（直流）でネットワークを作り，昼夜，夏冬に関係なく相互に電力を配分しようという計画である（見てもよい夢）．世界が協力すれば近い将来には完成するといわれるが，砂漠の砂嵐対策（太陽電池の効率低下など）や，超長距離超伝導送電システムの完成，資金調達などの課題はどうであろうか？

　3）SSPS 計画（Space Solar Power Station，宇宙発電計画）　太陽電池を宇宙空

間や月面に持ち上げれば太陽光が大気に吸収されることもなく，また昼夜も関係ないので太陽光発電効率は地球上の3〜10倍にもなる．米国NASAを中心に赤道上空3万〜4万mに，100万kW級の大型太陽電池を設置した静止衛星を打ち上げ，電力をマイクロ波（電磁波）に変換して地球上に送電する構想を発表した（日本でも経済産業省や大学の一部で研究が始められている）．

　しかし，強力な電磁波が生態系，電離層，通信システム，航空機運航などに及ぼす影響，マイクロ波の焦点制御技術などの技術的な課題のほか，莫大な資金調達（数兆円/100万kW），発生電力の経済性などの課題が未解決である（コラム9）．

4・4　風力エネルギー

　風力エネルギーは源を正せば太陽エネルギーがもたらすものであり，したがってその資源量は無尽蔵，無公害のエネルギーという特長をもっている．風力エネルギーは，かつて動力源（揚水，製粉など）として用いたこともあったが，現在の主流は風力発電（wind power generation）である．風力発電に適した土地は十分な風速が得られる地域が好ましいが，またそれ以上に年間を通して一定した風量(風速)が得られる土地が有利である．

　風力発電は設置場所によって次の3方式がある．

　　　陸上式発電方式
　　　洋上着底式発電方式（水深60m以下）
　　　洋上浮体式発電方式

　一般には陸上式が主流であるが，年間を通じて一定の風況が得られる場所に限ら

コラム9　見てもよい夢と見てはいけない夢

　学者（可能性を追求する人）には，常識を超越して自由に夢を見，夢を追求することが許される（義務がある）．しかし，技術者には"見てもよい夢（今は駄目だが合理性がある夢）"と"見てはいけない夢（原理は素晴らしい，理論的には正しい，しかし技術的実用性，経済性を無視した夢）"がある．技術者（利用可能な技術を提供することによって豊かな社会を実現する義務）と学者（技術の制約，時間の制約を超越して真理を追究する義務）はおのずから目的が異なる．学者の夢のすべてを現実のものと混同する誤解，見誤る罪を犯してはならない．§4・3・3(2),(3)のような計画は，さてどちらの夢であろうか？

れる．一方，洋上方式には設置場所に制限がなく，風況も安定しており景観や騒音問題もない利点がある（ただし設置費用は高い）．広大な用地に恵まれないヨーロッパ諸国（英国，デンマーク，オランダなど大陸棚の浅い海域利用）や日本でも採用され始めている（§4・4・1C, D）．

4・4・1 風力発電の現状

A 風車の型式

風車には図4・15に示したように種々の型式がある．それぞれに特長があるが，大きく分類すると水平軸型と垂直軸型に分けられる．前者にはオランダ型，プロペ

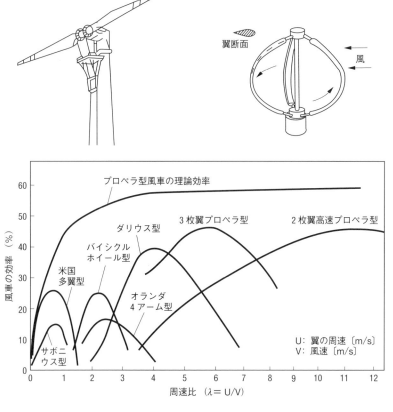

図4・15 種々の風車の型式と効率

ラ型，多翼型，セルフウイング型などがあり，一般に風向の変化に弱く自動風向制
御装置を要する．後者にはダリウス型，パドル型，サボニウス型などがあり，この
型式の効率はやや低いが風向に関係なく稼働できる特長がある．そのほか翼のない
新しいマグナス方式*のものもある．

　プロペラ型（写真 4・5）はエネルギー変換効率が高く，大型化が可能であるなど
の特長があり，風力発電用として広く用いられている．風速によって 2 枚翼型（高
風速用），3 枚翼型（中風速用），多翼型（米国型，低速大風量用）など，条件に応
じて使い分けることができる．

B　風力発電技術と経済性

　技術はすでにほぼ完成の域に達している．風車の大型化（巨大可変翼直径 250 m，
出力 10000 kW/基程度），軽量化（炭素繊維利用），自動化（風向，出力自動制御）

写真 4・5　プロペラ型風力発電設備（宮古島の例）［NEDO 提供］

---

　*　回転する複数の円柱が風を受けると "マグナス効果" によって円柱間に力の差が生じ，その力
　　を利用して発電機を回転して発電させる．特長はプロペラ型に比べ強風下（秒速 40 m 以上）で
　　も破損することなく稼働できることであり，国内でも技術開発，実用化が進められている．

などの技術も完成している．エネルギー変換効率も 25 〜 45 ％と高く（理論値約60 ％），経済性も確立済みである．現段階で事業用として実用化されている規模は1000 〜 1500 kW/基のものが多いが，2500 kW 級以上のものも生産されるようになり，さらに大型化目標（5000 kW/基以上）に向かって改良が続けられている．家庭用として 1 kW（1000 W）級の小型発電機も販売されている．

　発電コストは，日本では 2020 年の時点で規模の拡大などによって約 20 円/kWh程度（米国ではすでに 5 〜 7 円/kWh）にまで下ってきており，火力発電との競争もできるようになってきている．

C　世界の動向

　世界の風力発電設備能力の推移は，図 4・16 に示したように各地で急速に増加しており，2020 年の時点では世界で約 7.4 億 kW に達している（太陽光発電の約 6.3億 kW を超えている，図 4・12）．

　風力発電の初期（2000 年頃）ではドイツ，スペインを中心に欧州各地で積極的な開発が進められたが，無公害エネルギーという観点と政府の協力（FIT 法，コラム

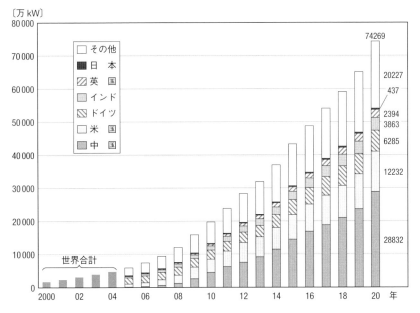

図 4・16　世界の風力発電の導入状況［“エネルギー白書 2021”］

10)によるものであった. その後 2009 年には巨大な風力源がある広大な土地を有する米国が大きく発展し世界第 1 位（当時設備能力 400 万 kW）であったが，2010 年からは中国が内陸部（甘粛省や新疆ウイグル自治区など）を中心に大きく発展し，米国を抜いて世界第 1 位となっている（図 4・16）.

D 日本の動向

　日本は国土が狭く，風況が風力発電に適した場所が必ずしも多くはないので（洋上風力発電地点を除く），初期は試験的小規模設備が多かった. しかし，自然エネルギーに対する民意の変化や風力発電技術の向上，制度の整備などに従って図 4・17 に示したように急速に普及し，10 万 kW 級の集合大型風力発電所（表 4・6）も出現し 2020 年には主として陸上式発電方式を中心に約 400 万 kW（約 2400 基）に達している. 洋上式発電方式で着底式の大型施設（沖合 50〜60 m，30〜50 基，10〜40 万 kW）の計画（秋田県で 2 箇所，千葉県で 1 箇所）が進められている（2028 年稼働目標）. また浅い海域が少ない地方では洋上浮体式も採用されている（長崎県五島市など）.

　環境省の調査によると全国で利用可能な風力による発電容量は推計上 2500 万〜1 億 4000 万 kW 強であるといわれており，政府は洋上式風力発電能力を 2030 年ま

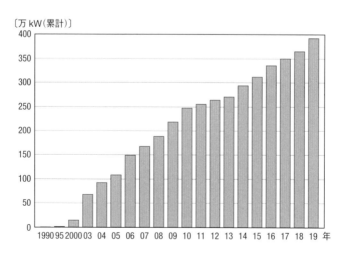

図 4・17　日本の風力発電設備能力の推移［"原子力・
エネルギー図面集"］

でに 1000 万 kW（原発 10 基相当）にまで引上げる目標を立てている．しかし風力発電全体として立地問題や需給のアンバランスも十分に考慮する必要があろう．

　政府は経済的支援，法制の整備・施行（RPS 法や FIT 法，コラム 10）その他を通じてさらなる推進を図っている．一方，民間においても，グリーン電力基金などの発足，あるいは大型化による経済性の向上などもあり，各地で商用風力発電事業を進める企業や自治体が急増している．風力発電は今後の自然エネルギー利用発電の中心技術としてますます発展してゆくものと期待されているが，電力会社の買い取

表 4・6　日本の代表的な風力発電所と設備能力

風力発電所名	出力〔千 kW〕	風力発電所名	出力〔千 kW〕
ウインドファームつがる	120	串間風力発電所	65
新青山高原風力発電所	80	宗谷岬ウインドファーム	57
新出雲風力発電所	78	せたな大里ウインドファーム	51
秋田潟上ウインドファーム	66	二又風力発電所	51
郡山布引高原風力発電所	66	由利高原ウインドファーム	51

出典：agora.ex.nii.ac.jp.

写真 4・6　集合型風力発電設備（宗谷岬ウインドファームの例）
［(株)ユーラスエナジーホールディングス提供］

　RPS（renewable portfolio standard）法とは "電気事業者による新エネルギー等の利用に関する特別措置法" のことで，新エネルギー等のいっそうの普及を図るために 2003 年 4 月から施行され，各電力会社に年度ごとに販売電力量に応じて一定割合以上の風力，太陽光などによる再生可能エネルギー源による電力の供給（主として新規事業者からの購入）を義務づける法律である．しかし，実際には電力会社による購入価格や数量に制限が設けられ新規事業者の活動には困難があった．

　このような状況から日本も 2012 年 7 月より FIT 法 "電気事業者による再生可能エネルギー電気の調達に関する特別措置法" を開始した[†1]．FIT 法は太陽，風力，地熱，小水力，バイオマスなどの再生可能エネルギーで作る電力の**全量を一定期間固定価格で買い取る義務**を電力会社に課した法律である．買い取り価格は "新規事業者が適正な利潤" が得られるように経済産業省の調達価格算定委員会の審議によって定められるが慎重な考慮が求められる[†2]．すなわち買い取り価格が高いと目標どおり再生可能エネルギーの利用は促進されるが，高すぎるとそのコストは一部政府の負担（財政）となるほか電力会社の電気料金に反映されるため，

　イ）家庭用，産業用電量料金の値上げ（産業の国際競争力の低下）

　ロ）ドイツ，スペイン，韓国などのような新規事業者の乱立と経営不安（倒産など）[†3]

　ハ）ロ）に伴う政府の補助金制度（財政）のゆらぎ（調達価格の引き下げや凍結など）

などの問題が起こることがあり，また低すぎると新規事業者の参加意欲がそがれ再生可能エネルギー普及の停滞が起こるなど難しい点がある．

　この法律の目的は二酸化炭素を発生しない再生可能エネルギーを利用する発電設備の普及やそれに伴う電力価格の低下（大量生産によるコストダウンと競争化），あるいは全発電設備に占める再生可能エネルギーの比率を高める（2030 年には最大約 37 ％目標，図 1・13b）を狙うためのものであり，これによって従来の家庭用あるいは事業所の太陽光発電を促進するばかりでなくメガソーラー（大規模太陽光発電設備，§4·3·3）や地熱発電（§4·2·3），大規模ウインドパーク（表 4・6）などの拡大を図るものである．

[†1] 世界ではドイツ，米国などが FIT 法を採用し，英国などが RPS 法を採用しているが，世界の流れは FIT 法に向かっている．

[†2] 2012 年の委員会では，太陽光発電約 42 円 /kW，風力約 23 円 /kW，地熱約 27 円 /kW などが提案されたが，その後事業規模の拡大，設備費の低減などによるコスト低下があり，調達価格は年々改定（値下げ）されている．

[†3] 各国（ドイツ，スペイン，米国など）とも FIT 制度や補助金制度（コラム 8）などの支援政策のいかんによって再生可能エネルギー利用の大幅な変動（拡大や停滞）が繰返されているので注意を要する．

り限度（地域によっては必要量以上の風力発電設備とのギャップ）や，風力発電所の維持費増加（故障頻発など）や経済性収支の破綻などによって撤退を余儀なくされている事業者や自治体もあり，慎重な考慮が求められる．

4・4・2　風力発電の課題

1）**立地の限定**　　安定した風況が得られる適地は電力需要地域から遠くにあることが多く，大消費地までの遠距離送電が必要という不利な条件もある．所要面積も風力のエネルギー密度が低いため，多数の発電機を並列設置する必要があり，広大な用地（同規模の火力発電所の 100 倍程度）を要する．

2）**発電量の変動**　　季節，時間による風力の変動が大きい（太陽光発電よりも不安定）．売電事業の場合には，安定した電力の確保（安定した風力が得られる立地の確保，多数の風車の設置場所の最適化など）と系統連携安定化システムに注意を要する．また，独立電源とする場合には補助電源システム（蓄電設備，ディーゼル発電機など）が不可欠となり，設備費，発電コスト増の要因となるおそれがある．

3）**経済性**　　事業化を目指す場合，特に補助金が期待できない場合にはさらなるコストダウンが必要である．機器の大型化，システムの大型化，規模の拡大などの努力が必要である．発電コストは §4・4・1B で述べたように，現在では約 20 円/kWh 程度にまで下がってきてはいるが，今後の政府助成金の動向，あるいは LNGなどを用いる安価な発電事業者（鉄鋼，セメント会社など）との電力需要家獲得競争，価格競争などにも十分の考慮を要する．

4）**その他**　　風車には風切り音，ギヤ音や超低周波振動（可聴周波数以下の音）などの騒音公害が起こることがあるので公害防止に対する考慮が必要である．また再生可能エネルギーの普及のためには，当分の間政府の推進・補助政策（欧米諸国の自然エネルギーを利用した電力の強制購入義務など，日本の FIT 法），あるいは税制優遇処置（米国の商用電力価格差補填，ドイツでは電力料金の一部を自然エネルギー促進資金へ還元など）も必要であろう．

4・5　バイオマスエネルギー

バイオマス（biomass）とは，生態学的には生物の存在量の総量をいうが，エネルギー工学では**エネルギーに変換できる生物の量，主として植物体，農・林産廃棄物，畜産廃棄物**，場合によっては**産業廃棄物，都市廃棄物**などの一部をいう．バイオマス資源としては，図 4・18 に示すように，森林資源のほかさまざまなものがあ

る[*1]. バイオマスは熱源（発電，熱供給事業など）として利用するほか，生物化学的利用（発酵によるメタンガス，エタノールなど）もできる. バイオマスはエネルギー源として考えたとき，カーボンニュートラル性[*2]が高いので地球環境問題を含め今後いっそう注目される.

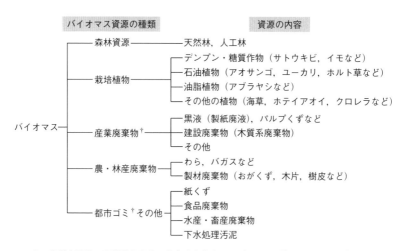

図 4・18 バイオマス資源の種類

† 産業廃棄物，事業所廃棄物，家庭廃棄物中にはバイオマス資源のほかに，多量の廃プラスチック，各種のくず（紙，繊維，木質，ゴムなど），廃包装材などが含まれエネルギー資源として利用可能である.

　バイオマスはエネルギー源として，①**再生可能**であること，②その**量も膨大**であること，③**環境適合性**が高いこと，④**地域偏在が少ない**（地域普遍性）こと，などの特長を有している. したがって，バイオマスはエネルギー源として大きな魅力をはらんでいる.

　日本でエネルギー源として利用されているバイオマスの量は原油換算 約 2000 万 kL（2020 年度，"エネルギー白書 2021"）で一次エネルギ総量の約 3.7 % に相当する. また，世界でバイオマスが利用されている量は表 4・7 に示すように世界の一

---

*1 バイオマスの量（単位）としては，それらの乾燥重量あるいは炭素換算量で示されることが多いので，両単位の使い分けには注意しておく必要がある.
*2 カーボンニュートラルとは，化石燃料の燃焼などにより発生する温室効果ガスの量をゼロにすることであるが（p.27 の脚注参照），植物体は燃焼させても発生する二酸化炭素が他の植物の成長過程で吸収され再生されるのでカーボンニュートラル性が高い.

次エネルギー総供給量の 9.0 ％（日本国内の一次エネルギ総供給量の 2.2 ％）である．エネルギー不足が懸念される 21 世紀後半のエネルギー対策として無視できない存在である．以下，いくつかのバイオマスエネルギー源について簡単に述べる．

表 4・7　世界各地域のバイオマス利用状況（2018 年）

	バイオマス〔石油換算 千トン〕	一次エネルギー総供給量〔石油換算 千トン〕	シェア（％）
OECD	297.5	5 369.4	5.5
欧　州	143.9	1 742.3	8.3
米　州	133.8	2 748.0	4.9
アジア・オセアニア	19.8	879.1	2.3
（日　本）	9.5	426.0	2.2
非 OECD	985.5	8 490.4	11.6
アフリカ	378.9	836.7	45.3
中南米	129.3	599.0	21.6
アジア（中国除く）	346.0	1 925.0	18.0
中　国	111.3	3 210.6	3.5
非 OECD 欧州およびユーラシア	19.2	1 159.2	1.7
中　東	0.9	759.9	0.1
世界計	1 283.1	14 281.9	9.0

出典："エネルギー白書 2021".

４・５・１　アルコール系燃料

セルロース系の資源から石油代替燃料（アルコール系燃料）を生産する技術が進んできている．農業廃棄物（サトウキビ，バガス，わらなど）あるいは余剰農産物（キャッサバなどのイモ類，トウモロコシなどの穀類）を発酵させてエタノールを生産しガソホール（gasohol，エタノール 10 ～ 20 ％添加ガソリン）などとして自動車燃料として利用することができる．日本では環境保全の目的（窒素酸化物の排出抑制）で MTBE 添加ガソリン（メチル t-ブチルエーテル，3 ％添加）の実用化や E10 ガソリン（エタノール 10 ％添加）の実用化試験も行われている．また，**バイオディーゼル燃料**として余剰植物油脂や廃植物油（食用油）をメチル化しディーゼル燃料とする技術も確立し一般化されており，さらに木質廃棄物（製材廃棄物など）からエタノールなどの液体燃料を発酵や熱分解によって生産する技術（BTL: biomass to liquid technology）も実用化に向かって開発が進められている．

4・5・2　メタン発酵ガス

　有機物を嫌気発酵するとメタンが発生する．自然界では沼，ヘドロ，水田，ゴミ埋め立て場などでみられる．人工的メタンガス資源としては家畜糞（中国，インド），生ゴミ，下水処理汚泥，製紙廃パルプ，大型海藻（ジャイアントケルプ）などがある．汚泥（下水処理場），埋め立て地から発生するガス（メタン含有率 60 ～ 70 %）を自家発電用燃料などに利用している例（東京都など）もある．

4・5・3　石 油 植 物

　植物の中にはユーカリ類，アオサンゴ樹，ホルト草などのように，樹液成分が石油に似ている（炭化水素類を多く含む）ものがあり，木質の蒸気分解などによって自動車用燃料の代替品を製造することができる．石油植物の中には成長速度が速いものもあり，土地が十分あれば採算性もあるので，将来，大規模植林（プランテーション）などによって実用化される可能性がある．

　このほか，食用油(菜種油，綿実油，落花生油など)，ヤシ油，ヒマワリ油，松根油などはディーゼル燃料油としても利用できる．天ぷら廃油を再生してディーゼル燃料油としている例も多い．

4・5・4　森 林 資 源

　世界の森林面積は 36 億～ 38 億 ha(陸地面積の約 29 %)といわれ，植物の光合成によって大量の森林バイオマスが生産されている．世界の森林バイオマス生産量は炭素換算 400 億～ 530 億トン/年（T. Johansson など，学者によっては 1500 億～ 2000 億トン/年）ともいわれている．また，世界の森林に蓄積されている森林バイオマスの総量は 4400 億トン（炭素量はこの約半分）という膨大な量である．

　このような森林が有するポテンシャルや再生循環性を考えると，現在の荒れ地，未利用地の活用，エネルギー用植林の推進などによって将来のエネルギー不足（§1・5）に対して貢献ができる可能性が大きい．たとえば，Johansson ら*によれば，エネルギー資源確保のために植林可能な未利用地約 10 億 ha(先進国以外の国や荒廃地の一部など，農地としては不適当な用地を利用）へのエネルギー植物の大規模栽培（プランテーション，バイオマス生産性 15 ～ 20 トン/ha·年）を行えば，計算上は現時点で世界のエネルギー需要量相当の森林バイオマスエネルギーを確保

＊　T. Johansson, H. Kelly, A. Reddy, R. Wiliams, "Renewable Energy, sources for fuels and electricity", Island Press (1992).

できることになる．つまり現実には後述するような種々の問題があるにしても，森林バイオマスエネルギーの有効利用を図れば，世界のエネルギー危機を回避できる可能性があることを示唆するものであり注目に値しよう．

　森林バイオマスエネルギーの利用法としては，①直接利用法（燃料），②アルコール転換利用法，③ガス化および液化利用法などの方法がある．①は古典的な薪炭の利用であり，現在でも主としてアジア，アフリカ，中南米地区における家庭用，農業用の熱源として広く用いられている．②は木材，製材くずなどセルロースを分解・発酵してアルコール類に転換し，エネルギー源として利用する方法である．

4・5・5　バイオマス発電

　バイオマスを資源としてガス化し発電に利用するバイオマス発電*は最近進歩した方法であり，間伐材，製材くず，あるいはエネルギー植物栽培などから得られる木材を大規模でガス化し，発電用エネルギーとして利用する方法（コンバインドサイクル方式）である．課題はバイオマスの集収，チップ化，ガス化などのコスト高，小さい設備能力などによる経済性である．設備を大型化することなどによって発電コストを低減でき経済性も十分であると考えられ，北欧諸国では地球環境保全に適したエネルギー確保の一方法として推進されている（北欧における実施例では，$250 \sim 300\,kW$ 級の発電所で $5 \sim 8$ 円/kWh）．スウェーデンなどでは一次エネルギーの $20\,\%$ 近くを森林廃棄物によって供給している．民間でも木材燃焼による発電事業化を進める会社（ノルウェーの Shell 関連会社その他）なども現れつつある．日本でもバイオマス発電への取組みが進められ 1000 箇所以上の発電所が稼働している．現在 400 万 kW（世界では 10 億 kW）を超える能力がある（図 4・19）．日本におけるバイオマス発電の直接コストは現状では $13 \sim 30$ 円/kW（規模による）であり火力発電に対抗できるようになってきている．

　しかし，このようなエネルギー源としてバイオマスを利用する方法は，現在では，①小規模で効率が悪く（先進国以外の国での低燃焼効率，バイオマス収集システムの不備など），②土地問題（用地拡大の可能性，農業利用と植林の競合，すなわち人口増加・食糧生産とエネルギー確保との競合），③材木の他の利用目的との競合（パルプ，建材，化学原料などへの利用との競合），④価格競争力，⑤エネル

＊　広義のバイオマス発電としては都市ゴミを熱源とするものや森林・農産廃棄物などを熱源とするものがあるが，本節では前者（§3・4・2）を除くものについて述べる．

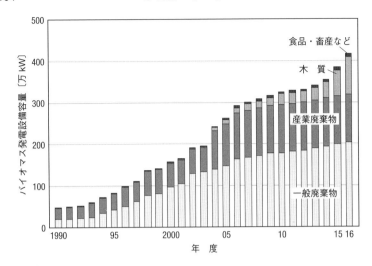

図 4・19　日本のバイオマス発電能力の推移 [“自然エネルギー白書 2017”]

ギー生産と環境問題（森林破壊）の競合，⑥人工エネルギー生産林の開拓・経営問題(従事者確保，営林資材確保，収益保証など)，その他の解決すべき多くの課題を抱えている．

　しかし，これらの問題を解決することによって 21 世紀後半のエネルギー問題へ有効な貢献をすることが可能であり，全世界的な活動（政策推進，技術開発，資金

コラム 11　日本におけるバイオマス利用

　全国に広く存在するバイオマスの活用推進を図るために “バイオマス・ニッポン総合戦略” を 2002 年に閣議決定し，国，自治体，事業者および国民の責務を定め，また “バイオマス活用の推進基本法” が 2009 年 9 月から施行された．これは単に未利用のバイオマス資源の利用を促進するだけではなく，再生可能エネルギー利用の拡大，あるいは地球温暖化ガス排出の抑制をも含んだ理念に基づいている．また，バイオマス資源は全国に広く存在するのでこれを利用するバイオマスタウンの構想（地場産業の創出や育成，人材の育成などを目的に 90 以上の自治体が参加，目標は300）も進められ，政府（内閣府，総務省，農林水産省，環境省など）はバイオマス活用推進会議などを通じて援助している．

調達など），バイオマス生産システムの整備（用地の確保，林業経営技術，品種改良，生産性向上対策，バイオマスの収集・輸送システムなど），その他今後の活発な活動が大いに期待されるところである．日本もバイオマスの活用の推進（コラム11）などにいっそうの利用促進を図っている．

4・6 海洋エネルギー

　海洋は大量の海水とともに，波力，潮力，温度差などの莫大なエネルギー（容量因子）を保有している．これらの海洋エネルギーを利用して**無限の再生可能エネルギー**を取出す努力が続けられている．

4・6・1 波力発電（wave activated power generation）

　波動を空気圧に変換することによって種々の方式が研究されており，たとえば図4・20 に示したのは空気タービンを用いて発電する方法である．このほか，振動水柱型，振り子型などもあり，振動水柱型は事実上唯一の方式として広く実用化され，航路標識用ブイの電源として世界で数千台が使用されている．

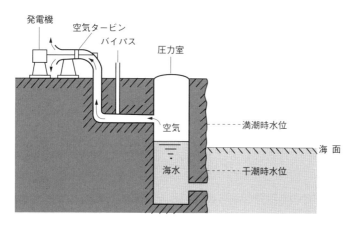

図4・20　波力発電装置の概念図［本間琢也ほか 著，"海洋エネルギー読本"，オーム社(1980)］

　日本では波力発電設備について山形県（酒田港），北海道（増毛町），三重県（南伊勢町）などで試験が行われたが，2016 年に久慈発電所（岩手県久慈市）で小規模ではあるが初の本格的実用化施設が設置された．

4・6・2　潮力発電（tidal power generation）

　潮位差を利用して海水を堤防内に貯留し，入出潮時のいずれにおいても水力タービンを用いて発電する方法と，潮流を利用してタービンを回転して発電する方法などがある．ファンディー湾（カナダ），セバーン河口（英国），仁川（韓国），モン・サン・ミシェル（フランス）など，潮位差が大きく潮力発電に適した土地も多い．潮位差を利用するものとしては1966年ランス川河口に設置されたランス発電所（フランス）が世界最大のものであり，現在も稼働が続けられている．

- ランス発電所（フランス）：干満差8.4 m，能力24万kW（1万kWの発電機24台），年間平均発電量6万kW，稼働率25 %
- 始華湖潮力発電所（韓国）：干満差6.5 m，能力25.4万kW（2011年稼働）

　潮流を利用するものとしては，スコットランド北部（英国）に世界最大の潮流発電所（現在25万kW，将来40万kW）が設けられている．日本ではコストの問題（費用対効果）によって実用化には至っていない．

4・6・3　海洋温度差発電（ocean thermal energy conversion）

　1000 m以上の深海の水温（4～5℃）と熱帯地方の海水表面温度（25～30℃）の温度差を利用し，図4・21の例のようにタービン駆動媒体（アンモニア，フロン，ブタンなどの低沸点物質）を用いて発電する方法である．陸上設置型（東京電力・ナウル実験設備），海上浮体型〔米海軍（ハワイ）とロッキード社のプロジェクト発電量10 MW〕などの実証化プロジェクトなどがあるが，コストの問題などもありいまだ実用化には至っていない．

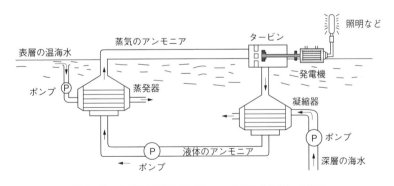

図4・21　海洋温度差発電（クローズドサイクル）の原理

また, 低温で成分的には富栄養性の深海水を大量に熱帯地方の海面に放出することの環境影響度などにはいまだ不明の要素もあり, また経済性 (建設コストが高額; 10 MW 以上の規模にならないと電力価格で競争力がない) などの問題もある.

4・7 再生可能エネルギーの導入量と価格

再生可能エネルギー (一次エネルギー) を直接利用するのは不便であり一般には電力 (二次エネルギー) に変換して利用する. 日本における再生可能エネルギーの導入量は各節でも個別に述べたが総括すると表 4・8 に示したように 21 世紀に入りようやく増加の傾向がみられるようになっている.

表 4・8 再生可能エネルギー導入量の推移〔石油換算 万 kL〕

年度	太陽光発電	風力発電	廃棄物発電[†1]	黒液廃材等[†2]	その他	合計	割合(%)[†3]
1990	0.3	0.04	44	477	135.7	657	1.2
1995	1.1	0.4	81	472	141.5	696	1.2
2000	8.1	5.9	120	490	98	722	1.2
2005	34.7	44.2	252	470	358.1	1159	—
2010	88.4	99.4	327	492	361.2	1368	—
2015	793.8	123.6	401	—	—	—	—
2019	1354.5	169.4	621	—	—	—	—

†1 廃棄物+バイオマス発電.
†2 バイオマス熱・太陽熱・廃棄物熱利用と未利用エネルギーを含む.
†3 一次エネルギー総供給に占める割合 (%).
出典: "EDMC/エネルギー・経済統計要覧 2021".

今後は地球温暖化対策などから再生可能エネルギーの需要はさらに急速に増加することが予想され政府なども以下のような目標を定めている.

- 一次エネルギーに占める再生可能エネルギー (水力を含む) の導入量目標;
  2030 年には約 10 %程度約 4.3 千万 kL (2020 年度の実績約 6 %, 約 3 千万 kL)
- 発電量に占める水力を含む再生可能エネルギーの割合;
  2030 年には 36 ~ 38 % (2020 年実績は約 18 %)
- 太陽光発電の導入目標;
  2030 年には 1400 億 kWh 程度
- 風力発電の導入目標;
  2030 年には 200 億 kWh 程度

　一方，再生可能エネルギー由来の電力は今後火力（あるいは原子力）発電による電力よりも安くなると予想されており（表4・9），大きな期待が寄せられている．

　コスト低減のためにはさらなる技術開発（効率向上）や大量生産（需要拡大）による低減努力ももちろん必要であるが，政府などによる政策的助成（地球温暖化防止，地球温暖化ガスの排出抑制などのための再生可能エネルギーの利用促進）も不可欠であり各国とも RPS 法や FIT 法（コラム 10）による補助を行っている．

表4・9　電源設備別の発電コスト[†1]〔円/kWh〕

発電設備	現状（2020 年）	2030 年の新設備
石油火力	26.7	25 〜 28
石炭火力	12.5	14 〜 22
天然ガス火力	10.7	11 〜 14
水力（中水力）[†2]	10.9	11
太陽光（事業用）[†2]	12.9	8 〜 12
風力（陸上）[†2]	19.8	10 〜 17
地　熱[†2]	17.4	17
バイオマス（専焼）[†2]	29.8	29.8
原子力[†3]	11.5 〜	12

†1　発電コストの評価は発電設備の形式，規模，耐用年数（償却費），
　　燃料費（市況および為替レート），その他の付帯コストなどの前提条
　　件によって大きく変動するので，異なる発電設備のコストを一義的
　　に比較するのははなはだ困難である（誤った判断をするおそれがあ
　　る）ので注意を要する．
†2　再生可能エネルギーは規模により異なる
†3　廃炉に要する費用などは含まず．災害に対する安全対策の強化や
　　廃炉対策費などを勘案すれば 10 円/kWh 以上となる可能性が高い
　　（§5·3·3）．
出典：総合資源エネルギー調査会 発電コスト検証ワーキンググループ，
　　“発電コスト検証に関する取りまとめ”（2021 年）ほか．

5

原子力エネルギー

　ウランに中性子を照射すると原子核の分裂が起こることは 1938 年に O. Hahn と F. Strassmann の研究によって発見されていた．1940 年代後半の種々の研究によってウラン $^{235}_{92}$U の核分裂によって大量のエネルギーが生成することが判明したが，この巨大なエネルギーの最初の利用は不幸にも軍事目的〔米国のマンハッタン計画による原子爆弾（atomic bomb，1945 年 8 月に広島へのウラン爆弾，長崎へのプルトニウム爆弾の投下）〕であった．

　このためエネルギー源としての原子力エネルギー利用（平和利用）に対して，軍事技術や原子炉事故による放射能汚染の懸念などから，**核アレルギー**（コラム 12）をもつ人も多くなった．特に，2011 年の福島第一原子力発電所（東京電力，沸騰水型原子炉）の大事故，そしてその後の東京電力の対応（経営陣の姿勢，安全対策など）の不備などのために日本では国民の不安が大きくなり，原子力発電に対する否定的な考えが増えるようになってきた．

　一方，エネルギー供給の将来を考えるとき，地球温暖化対策としての化石燃料エネルギーの利用（特に火力発電）の削減の代替となるエネルギー源としての原子力発電も無視できない事情もある．現に，ヨーロッパでは化石燃料エネルギーに代わるものとして原子力に対する意見が大きく割れ，今後とも原子力発電を是認するフランス，EU 政府（欧州委員会）などと，これに反対するドイツ，オーストリア，スペインなどで意見が対立し将来への統一した見解，結論が見通せない情勢にある．

5・1　核 分 裂 反 応

　^{40}K などのほか，原子番号 81(Tl) 以上の元素では天然に放射性同位体が存在し，

自然壊変によって異種の元素（新しい原子核）に転換する．その際にエネルギー（α粒子線，β電子線，γ電磁波）を放出する．このような放射性元素を最初に発見したのはキュリー夫妻（1898年）であった．また，ウランの中性子照射による核分裂反応を発見したのは Hahn と Strassmann（サイクロトロンによる実験，1938年）であった．

　ウラン，プルトニウムのような放射性同位元素に高速の粒子（陽子，電子，中性子）を衝突させると**核分裂反応**（nuclear fission）が起こり，2個以上の原子核に分裂するとともに大量のエネルギーを放出する．一般に，高速の粒子には電気的に中性の中性子が用いられることが多い．

　たとえば，熱中性子による $^{235}_{92}\text{U}$ の核分裂反応では，

$$^{235}_{92}\text{U} + {}^{1}_{0}\text{n} \longrightarrow A + B + \alpha\,{}^{1}_{0}\text{n} + 200\,\text{MeV} \tag{5・1}$$

となる．A, B はそれぞれ U よりも軽い約60種の元素（Br, Kr, Xe, Cs, La, Zr, Ba, Tc などの放射性同位元素）であり，$^{235}_{92}\text{U}$ の核分裂では1回当たり，新たに数個の中性子（平均 $\alpha = 2.47$）と 0.215 原子量単位に相当するエネルギー（約 200 MeV $= 3.2 \times 10^{-11}$ J）を放出する．この核分裂過程では，"質量欠陥の等価エネルギー変換（アインシュタインの相対性理論）"が起こっている．通常の化学反応エネルギーは数 eV/mol 程度でしかないので，いかに莫大なエネルギーの発生が起こるかがわかる．たとえば，1g のウランの核分裂エネルギー（8.2×10^{10} J, 2.3万 kWh）は石炭の約3.3トンの燃焼熱に相当するのである．

コラム12　核（原子力）アレルギー

　原子力の利用に関して，たとえ平和利用（原子力発電など）であってもこれに忌避・反対を唱える人たちも多い．たとえば，欧州における原子炉抑制論（§5·3·1），あるいは日本では高速増殖炉実験炉の事故（もんじゅ，§5·2·2），濃縮ウラン製造事故（東海村 JCO 臨界事故），さらには 2011 年の福島第一原子力発電所の事故を契機にいっそうこの声が高まった．

　事故による生活への影響は大きいものであるが，日本全体の将来を見据えたエネルギー問題，地球温暖化対応なども視野に入れた総合的なエネルギー論からすれば，抑制した原子力エネルギー平和利用のための技術開発・改良の推進（原子炉の安全技術向上など），あるいは原子力利用に関する啓蒙・情報公開（エネルギー情勢，技術内容，安全・環境問題などについての正しい情報）その他の努力も必要である一方，原子力発電が内包する危険性を避ける努力も欠かせない．

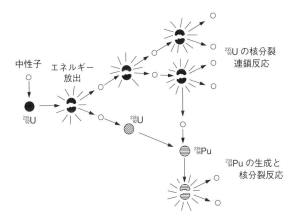

図5·1 核分裂の連鎖反応模式図

上記のような核分裂反応の結果生じた中性子が，図5·1に示したようにさらに次の原子核に衝突して再び中性子を生成し，これがさらに核分裂を起こせば核分裂の**連鎖反応**（chain reaction）が起こる．

たとえば，1個のウラン原子（$^{235}_{92}$U）の核分裂によって生じた中性子が$^{238}_{92}$Uに衝突すると，1個のプルトニウム（$^{239}_{94}$Pu）が生成し〔(5·2)式〕，さらに中性子の衝突によって$^{239}_{94}$Puの核分裂〔(5·3)式〕により新たに生じた中性子などが，再び核分裂反応を起こして連鎖，増殖してゆく．

〔$^{238}_{92}$U の反応〕

$$^{238}_{92}\text{U} + ^1_0\text{n} \xrightarrow{\text{β壊変・半減期23分}} ^{239}_{93}\text{Np}$$

$$\xrightarrow{\text{β壊変・半減期2.3日}} ^{239}_{94}\text{Pu} \qquad (5\cdot2)$$

〔$^{239}_{94}$Pu の反応〕

$$^{239}_{94}\text{Pu} + ^1_0\text{n} \xrightarrow{\text{核分裂}} \text{A}' + \text{B}' + \alpha\,^1_0\text{n} + 200\,\text{MeV} \qquad (5\cdot3)$$

核分裂反応の速度は中性子のエネルギー*，すなわち密度，速度，衝突確率などによって決まる．また，発生した中性子が外部に漏れたり，周囲の材料（原子炉構

＊ 中性子は，そのエネルギーレベルにより次のように分類される．
高速中性子　　＞ 0.5 MeV（1 eV＝1.6×10^{-19} J）
中速中性子　　100 ～ 500 eV
低速中性子　　＜ 100 eV
熱 中 性 子　　0.025 eV 前後（中性子が単純な熱運動をしているときのエネルギーに相当する）

造材，制御棒など）に吸収されると（中性子損失），連鎖反応の速度が低下あるいは停止する．このような現象を巧みに利用すれば，エネルギー発生量を自由に制御できることになる．高濃度の核分裂物質（$^{235}_{92}$U, $^{239}_{94}$Pu など）を用い反応を急激に起こせば原子爆弾となり，低濃度の核燃料と制御棒，減速材などによって反応（中性子の連鎖確率）を制御すれば原子力発電ができる．発電用原子炉においては，$^{235}_{92}$U の連鎖確率は 107.5 % 程度に制御されている．また，発電用原子力炉においては，1 g の $^{235}_{92}$U から 0.5 ～ 1 g の $^{239}_{94}$Pu が生成している．

5・2 原子力発電（核分裂エネルギーの平和利用）

世界最初の原子力エネルギーの利用は不幸にして軍事目的（濃縮ウラン利用の原子爆弾の製造，1945 年広島に投下）であり，また原子炉の稼働は 1942 年米国（シカゴ）における $^{235}_{92}$U からの $^{239}_{94}$Pu の製造（すなわちプルトニウム爆弾，1945 年長崎に投下）が目的であった．

原子力エネルギーの平和利用は，上記のように核分裂反応エネルギーを巧みに制御することにより熱エネルギーとして取出し，蒸気タービンを用いて発電すること（原子力発電，nuclear power generation）である．天然のウランの主成分は $^{238}_{92}$U である．容易に核分裂し**核燃料**（nuclear fuel）として利用できるのは $^{235}_{92}$U のみであるが，その量は天然ウランのうちのわずかに 0.72 %（天然原子存在比）でしかなく，残りは安定な $^{238}_{92}$U である．天然ウランを原子力発電用燃料として用いる場合には，一般には $^{235}_{92}$U を 3 ～ 4 % 程度にまで濃縮したもの（低濃縮ウラン）が用いられる．天然ウランの主成分である安定な $^{238}_{92}$U からも，核反応によって核分裂性の $^{239}_{94}$Pu をつくり燃料とすることによってウラン資源の有効活用率を高めることもできる（高速増殖炉など，§5·2·2）．

5・2・1 原子炉の構成

原子炉（nuclear reactor）は，図 5・2 に示したように核燃料（核燃料集合体 150 ～ 200 本で構成されている），制御棒，減速材，冷却材から成る反応器（原子炉）と熱交換器，蒸気発生器，炉心冷却装置（内部，外部，安全装置），放射能防護壁などから構成されている．

核燃料集合体（nuclear fuel assembly）は，濃縮ウラン酸化物ペレット（外径 8 ～ 12 mm×長さ 10 ～ 20 mm）を装填した燃料棒（Zr 合金・ジルカロイ製，外径 10 mm×長さ 4 m 程度，ペレット約 270 個入り）を，50 ～ 70 本程度束ねたものであり，原

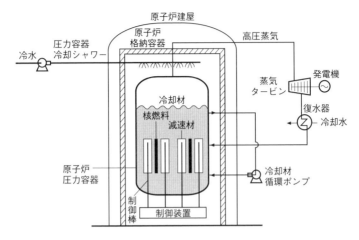

図 5・2　原子力発電の基本構成概念図

子炉には集合体が 300 ～ 700 本程度配置されている.

　ウランの核分裂は速度の遅い**熱中性子**（$^{235}_{92}$U に対する核分裂断面積が大きい）の
ほうが効果的に起こる．したがって，原子炉においては $^{235}_{92}$U の核分裂により生じ
る高速中性子（1 ～ 2 MeV）を熱中性子レベル（0.025 eV 前後）にまで減速する必
要がある．中性子の速度を適正化するためには**減速材**（moderator）を用いる．減速
材には種々の物質（黒鉛，軽水，重水などの原子番号が小さい元素の化合物）が用
いられる.

　制御棒（control rod）は，原子炉内の中性子数を調整し原子炉の出力を制御する
ためのものであり，中性子を吸収しやすい物質（炭化ホウ素 B_4C，銀合金，Cd 化合
物など）から作られている.

　冷却材（coolant, 熱交換媒体）は原子炉を冷却すると同時に，核分裂反応によっ
て発生したエネルギー（熱）を取出すために用いられる．冷却材には中性子と反応
しない物質（軽水，CO_2, He などのガス，溶融金属ナトリウムなどの種々の媒体）
が用いられる．減速材として軽水が用いられる場合には，冷却材にも軽水が用いら
れることが多い.

5・2・2　原子炉の種類

　原子炉は減速材，冷却材などの種類によって表 5・1 に示したような種々の型式

表5・1　種々の原子炉の型式

型　式	略称	主要中性子	燃　料	減速材	冷却材
沸騰水型軽水炉	BWR	熱中性子	低濃縮 UO_2	軽水	軽水
加圧水型軽水炉	PWR	熱中性子	低濃縮 UO_2	軽水	軽水
重水炉	HWR	熱中性子	天然 UO_2	重水	重水（軽水）
ガス冷却炉	GCR	熱中性子	天然 UO_2	黒鉛	CO_2
高温ガス冷却炉	HTGR	熱中性子	低濃縮 $U(O_2, C_2)$, $Th(O_2, C_2)$	黒鉛	He
高速増殖炉	FBR	高速中性子	$(U, Pu) O_2$	——	溶融ナトリウム

のものがある.

　黒鉛(軽水)炉（graphite-moderated reactor）は減速材に黒鉛を用いる原子炉である. 天然ウランを使用でき, ウランの濃縮が不要である利点があるが, 型式としては初期のものに多い. 冷却材に軽水を用いる黒鉛軽水炉は旧ソ連圏に多かったが, 旧式で低出力時に不安定特性（設計未熟, 自己制御性不良）があり, また防護設備などに問題（建設費の節減優先）がある場合もあった. 重大な事故（1986年）を起こしたチェルノブイリ原子力発電所もこの型式である. 冷却材に CO_2, He などの気体を用いるガス冷却炉（GCR: gas-cooled reactor）には, 英国のコールダーホール型（CO_2 冷却）, 改良型高温ガス冷却炉（HTGR: high temperature gas-cooled reactor, He 冷却, 低濃縮ウラン使用）などがある.

　軽水炉（light water reactor）は軽水を減速材および冷却材として用いるものである. 現在用いられている商用発電設備の原子炉は大部分が安価であり経済性に優れている軽水炉である. 軽水は安価であるが, 中性子吸収が大きいので燃料である $^{235}_{92}U$ の濃縮（3〜4％）が必要である. 軽水炉に沸騰水型と加圧水型などの型式がある.

　沸騰水型軽水炉（BWR: boiling water reactor）は, 図5・3に概念図を示したように, 原子炉内で直接中圧蒸気（300℃, 70気圧程度）を発生させる型式である. 原子炉のサイズは内径7m, 高さ20m程度である. 燃料交換は年に1回, 燃料棒の約1/4程度を交換する. 日本では, 東京電力, 北陸電力, 中部電力などで用いられている.

　加圧水型軽水炉（PWR: pressurized water reactor）は, 図5・4に示したように原子炉内で発生させた高圧熱水から, 熱交換器（蒸気発生器）を用いて間接的に高圧

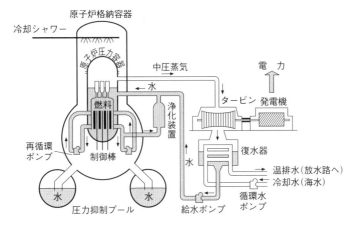

図5・3　沸騰水型軽水炉の概念図

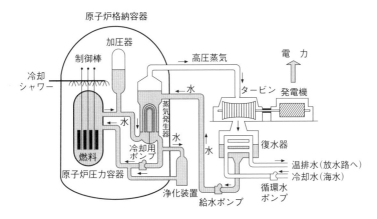

図5・4　加圧水型軽水炉の概念図

蒸気（350℃，140気圧程度）を発生させる型式である．燃料棒を緊密に配置する構造のため，原子炉圧力容器は比較的小さく（内径5 m，高さ16 m程度）できるが，容器を肉厚にする必要がある．間接蒸気発生方式であるため熱交換器にはトラブル（細管損傷）が起こりやすいが，放射能によるタービンなどの汚染がなく，炉心事故の際の放射能汚染蒸気の漏洩などがない利点もある．日本では関西電力以西と北海道電力で用いられている．

改良沸騰水型軽水炉（ABWR: advanced boiling water reactor）は，炉心冷却設備の原子炉内設置（原子炉内蔵型再循環ポンプ），改良型制御棒駆動機構，建屋一体型鉄筋コンクリート製原子炉格納容器の採用など小型化改良して建設費の低減を図った最新型の軽水炉である（図5・5）．東京電力などで採用している．ABWRではMOX燃料（コラム13）を用いる発電も可能である．日本で世界最初のMOX燃料100％を利用するフルMOX発電所の計画（電源開発 大間発電所，138万kW，建設中）もある．

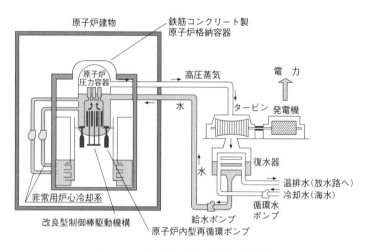

図5・5 改良沸騰水型軽水炉の概念図

コラム13 MOX 燃料 •

MOX燃料（mixed-oxide fuel）とは，核燃料廃棄物の再生処理によって分別回収されたウラン酸化物（UO_2）とプルトニウム酸化物（PuO_2）を再混合した燃料（プルトニウム含有量4～9％）であり，プルトニウム単体の拡散（軍事的利用）防止とプルトニウムの有効利用を同時に解決するように考えられたものである．MOX燃料は，余剰プルトニウムの利用策としては有効であるが，価格は1体（0.6～0.7トン）当たり5～10億円と高く発電コストへの影響もある．したがって，MOX燃料の利用は，経済性（採算）よりも国策（核拡散防止，エネルギー資源の確保）に即した対策であるといえよう．

SMR 原子炉（small modular reactor）は，福島第一原子力発電所事故の反省（安全対策の強化）を受けて，大型原子炉（百万 kW 級，大事故になることがある）から小型原子炉（5〜10 万 kW 級）を複数組合わせて原子力発電設備とする方法．小型原子炉の集合のために電力調整がとりやすい，事故への対応がとりやすいなどの利点がある．原子炉の形式としては PWR 型を用いるものが多い．ロシアなどいくつかの国で稼働中あるいは計画が進められている*.

EPR 原子炉（European pressure reactor）は，第三世代の加圧原子炉といわれるもので，フランス（6 基，150 万 kW 級，2011 年建設開始）や中国で建設が進められている．安全性向上のため炉心損傷対策やテロ対策（強固な防護壁）などが強化されている.

重水炉（HWR: heavy water reactor）は，中性子の減速に適している重水を減速材に用いる原子炉である．重水は高価であるが，天然ウラン（$^{235}_{92}$U の含有量 0.72 %）を濃縮することなく用いることができる利点がある．カナダ・CANDU 炉などがその例である.

新型転換炉（ATR: advanced thermal reactor）は，重水減速・沸騰水型原子炉である．MOX 燃料を用い通常の軽水炉よりも効率が高く，高速増殖炉の開発完成までの間の高効率軽水炉として計画された．日本では，実験炉 "ふげん" の開発に成功（出力 16.5 万 kW，1979 年運転開始，2003 年運転停止）したが，実証炉開発にはかなりのコストがかかるため電力業界の賛同が得られず，開発計画〔核燃料サイクル開発機構（旧 動力炉・核燃料開発事業団）〕は停止状態にある.

高速増殖炉（FBR: fast breeder reactor）は，ウラン資源の有効利用率を高めるためにウラン資源のすべて（$^{235}_{92}$U および $^{238}_{92}$U），あるいはウランの核分裂によって生成するプルトニウム（$^{239}_{94}$Pu）などまでも，エネルギー源として利用できるように開発された原子炉であり，核燃料サイクル政策（§5・5・2）の中心的設備として期待された．$^{235}_{92}$U の核分裂から出てくる高速中性子を $^{238}_{92}$U に衝突させて生成した $^{239}_{94}$Pu などを，再び核分裂させて（図 5・1）エネルギーを回収できる利点がある．高速増殖炉の構成概要を図 5・6 に示す.

高速増殖炉では中性子を減速する必要がない（高速中性子を用いる）ので減速材は不要であり，また冷却材に溶融金属ナトリウムを用いることによって高温の熱源（高圧蒸気）を回収でき，熱効率（発電効率）が高い点に特長がある．技術開発はフ

---

* 中国（1 基，30 万 kW），インド（1 基，22 万 kW），ロシア（3 基，計 21 万 kW）などが建設中であり，さらに米国，ロシア，カナダなどでも計画中である（日本原子力産業協会，2021 年）.

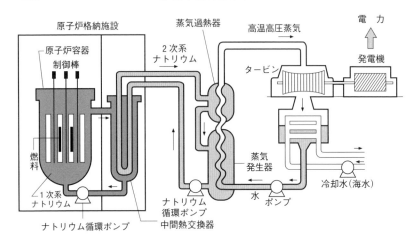

図 5・6　高速増殖炉の構成概要 ［"原子力発電 Q & A", p.7,
社会経済生産性本部(1996)］

ランス〔実証炉 Super Phoenix（124 万 kW, 1985 年運転開始, 1998 年廃炉を決定）〕,
日本をはじめとし, 米国, ロシア, 英国, 中国などで熱心に進められていたが,
2018 年の時点でその多くは研究運転後閉鎖され, 技術は完成していない.

　高速増殖炉は 21 世紀以降のエネルギー問題解決の切り札（商用原子力発電所）と
しての期待が大きく, 日本も原子力委員会を中心に 2030 年頃を目標に実用化開発
を進め実験炉 "常陽"（10 万 kW, 1977 年臨界達成）, 原型炉 "もんじゅ"（28 万
kW, 1994 年臨界達成）を開発してきたが, 1995 年のもんじゅ事故（ナトリウム漏
れ, 本体は無事）や世界の開発動向など諸般の事情から 1997 年には長期エネル
ギー対策としての核燃料サイクルの研究用としてのみ運転を継続する方向へと転換
した. 一方, 米国では再び高速増殖炉の計画（2028 年完成目標, 米国テラパワー
社, 約 5000 億円）が進められることになり政府機関（日本原子力機構）や民間会社
も技術開発の維持の点からこの計画に協力することになった（2022 年）.

5・2・3　プルサーマル技術

　プルサーマル（pluthermal; plutonium burning in thermal reactor からきた用語）
技術とは, 使用済みウラン燃料から抽出された余剰プルトニウムの有効利用方法
（消費）の一つとして考案された技術である. プルトニウムの平和利用は高速増殖炉
で利用するのが本来の方法であるが, 高速増殖炉技術の未完成と増加し続ける余剰

プルトニウム対策として，これを MOX 燃料（コラム 13）に加工し一般の軽水炉で利用しようとする技術である．一般の軽水炉では低濃縮ウランを燃料に用いるが，そのうちの 1/4 ～ 1/3 程度に MOX 燃料を用いる方法である．

　フランス，ドイツなどのヨーロッパおよび米国ではすでに 1960 年代から採用されており，年々多くの原子力発電所で実施されている．日本では九州電力 玄海発電所，四国電力 伊方発電所，関西電力 高浜発電所で 4 基の原子炉で実施されている（2022 年）．電気事業連合会は 2030 年までに 12 基以上で採用をする考えをもっているが，地元との同意などで難航している．

5・3　原子力発電の現状と将来

　原子力発電の世界第 1 号は，1956 年の英国のコールダーホール発電所（プルトニウムの生産との併用）であった．日本の第 1 号原子力発電所は，1965 年に建設された日本原子力研究所（茨城県東海村，廃炉済）のコールダーホール改良型である．

　従来世界の原子力発電はエネルギー供給の基幹として重点志向されてきたが，2011 年 3 月の福島第一原子力発電所の事故以来，その方向は世界でも大きく変化している．

5・3・1　世界の原子力発電

　2020 年現在，世界で稼働中の原子力発電所（nuclear power station）は世界 39 カ国に合計 442 基（約 4.1 億 kW）である．主要国の原子力発電所の状況を表 5・2 に示す．

　各国の原子力発電が全発電量に占める割合は図 1・6 あるいは表 5・3 に示したようにそれぞれの国の方針によって大きく異なっている．世界の原子力発電設備の推移は図 5・7 に示したように 1990 年以来，大きな伸びはない．世界の今後の原子力発電設備の量は地球温暖化対策との関連などもあり，また各国の事情により増減すると予想される（欧州では論争中．中国，インド，その他の先進国以外の国では増加）．なお，原子力発電による発電量の絶対量は先進国以外の国の電力需要の増加から世界全体では技術革新や政策的推進が進めば 2050 年には発電設備能力は約 7.9 億 kW（現状の約 2 倍）程度になるという予測もある＊．

　また，原子力発電の利用についての世界の国民意識は福島第一原子力発電所事故

＊　ただし，原子力利用技術や市場政策が現状のまま続く“低ケース”であれば，2050 年でも現状並みの 4 億 kW 程度にとどまるとも予想されている（IAEA，2021 年次予測報告）．

表5・2　主要国の原子力発電設備（2020年）

国・地域名 （発電能力順）	基数	発電能力 〔万kW〕	発電量 〔TWh〕[1]	設備利用 率（%）	発電電力量構 成比率（%）
米　国	96	10 192	809	93	19
フランス	58	6588	382	69	70
中　国	47	4874	330	83	5
日　本[2]	33	3308	66	21	6
ロシア	33	3024	196	78	19
韓　国	24	2342	139	66	25
カナダ	19	1451	95	80	15
ウクライナ	15	1382	78	68	53
英　国	15	1036	51	66	17
ドイツ	6	855	71	85	12
スウェーデン	7	797	64	86	40
スペイン	7	740	56	90	21
インド	22	678	41	74	2
ベルギー	7	622	41	80	47
チェコ	6	420	29	83	35

[1]　TWh ＝ 10^5 万 kWh
[2]　このうち再稼働中のものは2022年現在10基のみである（図5・8参照）.
出典："エネルギー白書2021".

表5・3　各国の原発が発電に占める割合（2021年）

フランス	70～72　%	英　国	15～16　%
韓　国	24～26	ドイツ	12
ロシア	20～25	日　本[†]	6～8
スイス	24	中　国	5
米　国	19～20		

†　福島第一原子力発電所事故の影響により低迷している.
出典："エネルギー白書2021"ほか.

によってかなり変化をみせた. 原子力大国のフランスや米国では反対意見に大きな変化はないが（賛成意見が多い）, 日本やドイツ, 韓国などでは反対意見が大幅に増加しており, これらの国での今後の原子力政策の推移が注目されるところである.
　このような背景あるいは電力事情から, 各国の原子力政策は国情に応じて環境・安全を重視する脱原子力政策あるいはエネルギーの自立・経済発展を重視する原子力推進政策などさまざまな姿をうかがうことができる. いくつかの例をあげる.

〔百万 kW〕

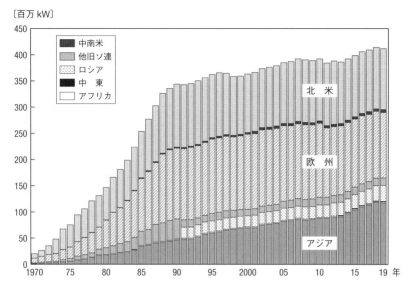

図 5・7　原子力発電設備容量（運転中）の推移 ［"エネルギー白書 2021"］

　米国　　米国は発電所数，発電量ともに世界第 1 位の原子力発電国であるが 1978 年以降は原子力発電所の新設はなかった．これは米国が民間主導・経済性優先主義であること，豊富な化石燃料資源に恵まれていること，あるいはスリーマイル島原子力発電所事故（Three Mile Island No.2 PWR，1979 年，誤操作による炉心溶融，放射性ガス放出，事故レベル 5）などにもよるものであった．しかし，エネルギーの安全保証という観点から 2000 年以降の電力不足状況（カリフォルニア州における広域大停電など）や地球温暖化対策などから 2005 年の "エネルギー政策法" に基づいて原子力発電所の建設を再開する政策に転換し，今後も建設認可を増やす方向に転じている．

　フランス　　フランスは原子力立国を目指しており，世界第 2 位の原子力発電国である．フランスは自国内のエネルギー資源に乏しいため独自の強力なエネルギー政策（国是 "エネルギーの独立なくして国家の独立なし！"）の下に自国のエネルギーの約 40 %（全発電量の 70 〜 72 %）を原子力で賄い，さらに近隣諸国（英国，ドイツ，イタリア，スイスなど）への電力販売による外貨獲得にも積極的に取組んでいる．しかし地球温暖化対策として原子力発電による発電比率を 2035 年までに 50 % 以下にするという法律が公布されている（ただし賛否両論あり）．

ドイツ　　ドイツは原子力発電には批判的な意見がやや多く一時 2022 年までに原子力発電の全廃を法制化したが（2002 年，シュレーダー政権），その後電力事情を勘案して原子力発電所の稼働延長を認可した（2040 年までの稼働，メルケル政権）．しかし福島第一原子力発電所の事故を受けてすでに停止中の 8 基は再開させることなく，再び 2022 年までに 17 基のすべての原発を廃止するという政策変更を宣言する（2011 年）など原子力発電政策が揺れ動いたが，2021 年現在まだ 6 基が稼働している（全体としては原子力発電否定の方向である）．

英国　　英国は 1956 年に世界で初めて原子力発電の商業運転を開始した国であり現在も 15 基の原子力発電所が運転中であるが，基本的には脱原発政策を採用してきた．しかし北海油田の枯渇傾向などによるエネルギー自給率の低下や地球温暖化防止政策を進めるため脱原発の政策見直し（原子力発電所の新規建設）を迫られる機運となっており，将来の原子力政策の見通しが立たず今後の推移が注目されている．

スイス　　スイスは電力に占める原子力発電の比率が現状では高いが（24 %），2034 年までに 5 基の原子力発電所の全廃を決定（2011 年）するなどドイツに続き脱原発に政策転換を宣言している．これに代わるものとしては電力網につながる隣接各国からの輸入を念頭に置いている．

中国　　中国はすでに 47 基の原子力発電所（約 5000 万 kW）を有し世界第 3 位の国であるが，経済成長の急転に伴うエネルギーや電力不足に対応するため大幅な原子力発電の急速な増強の必要に迫られている．このためフランス，ロシアからの技術導入とともに自国製の原子炉の開発にも取組んでおり，現在（2020 年）10 基を計画中であるが，今後の安全の確保のあり方には十分注目（監視）したい．2030 年頃にはフランスに並ぶ原子力発電国になるであろう．

　このように世界の方向は，社会生活に不可欠な電力の確保に苦慮しながら地球温暖化対策，安全などの見地から**原子力発電を抑制しようとする国**（主として欧州各国*）と，経済発展を重視して**原子力発電を増強しようとする国**（中国，ロシア，インドなど）に大きく二分されるようになってきている．

5・3・2　日本の原子力発電

　かつて日本は原子力発電による電力供給をエネルギー供給の基幹とする政策を採

　＊　欧州では脱炭素（カーボンニュートラル）の観点から石炭火力発電を削減する代替策として原子力発電を強化しようとする国（フランス，ポーランドなど）とこれに反対する国（ドイツ，スペイン，スイス，オーストリアなど）の間で EU としての統一見解が得られていない事態となっている．

写真5・1　日本の代表的原子力発電所（関西電力 大飯原子力発電所）
［関西電力(株)提供］

り最大で商用原子力発電所 54 基 4896 万 kW を擁する世界第 3 位の原子力発電国で
あったが，2011 年の東日本大震災による福島第一原子力発電所事故以来，全国に
及ぶ被害や国民生活への影響（電力供給の不足，計画停電，産業の停滞，雇用不安
など，コラム 14）の大きさからその方針（政策）を転換せざるをえない状況となっ
ている．

　従来から原子力発電については発電コストへの疑問（§5・3・3A）や電力会社のト
ラブル隠し・データ偽装などによる批判もあったが，安全問題に関しても 2011 年
の事故によって従来の**原子炉の安全神話**[*1] が崩れ，世論の反省，反論（コラム 12）
もあって政府も原子力政策（およびその根幹にあるエネルギー政策）を大幅に見直
すこととなった[*2]．現在（2022 年）全国には 60 基の原子力発電設備がある（図 5・
8）が，そのうちの 24 基は廃炉となり，原子力規制委員会（p.159 の脚注参照）の審

[*1]　原子炉はフェイルセーフシステム（自己制御，自動停止など）や多重防護壁，多重電源シス
テムなどによって完全に守られているという安全に対する絶対的な過信（§5・3・3C 参照）．
[*2]　2011 年の東日本大震災以前には，地球温暖化防止対策を重視し火力発電の縮小と原子力発電
所の大幅増設をする計画すら議論されたこともあったが，震災後は新設の抑制，老朽設備の廃
止などを含め政府は 2030 年代に原発全廃を目標とする方針を打ち出した（2012 年政府総合エ
ネルギー・環境会議の“革新的エネルギー・環境戦略”）こともあった．

　コラム 14　**東日本大震災と福島第一原子力発電所事故**

　2011 年 3 月 11 日午後 2 時 46 分，マグニチュード 9.0 の大地震（最大震度 7，数百年に一度といわれる）が発生し，襲来した大津波（最大高さ：宮城県南三陸町 33 m，岩手県 30 m，福島県 22 m）により死者 15 834 人，行方不明者 3155 人，被害 3 県の社会資本の大幅な破壊（電気，ガス，水道，鉄道，道路，港湾，住宅，学校）が生じた．

　この津波によって福島第一原子力発電所の 1〜4 号機（ゼネラル・エレクトリック社設計の比較的旧式の沸騰水型マークⅠ型，1971〜1978 年建設）が津波による全電源喪失による制御不能によって全壊し（稼働中の 1〜3 号機は炉心溶融・水素爆発による建屋損傷，4 号機は定期検査中に事故）多量の放射性物質を排出し（放出量 77 万テラベクレル，事故レベル 7）周辺 30 km の住民は避難（移住）を余儀なくされた．破損した原子炉への対策としては注水冷却，ベント開放，循環冷却水の浄化，土壌の除染（土壌汚染量 2000〜3000 m³）などが行われた．事故の直接的原因は上記のような津波と全電源喪失であるが原子炉の安全に対する**安全神話への過信**[†1]（津波対策，保安電力確保の不備など）や政府の認識や公報（原子炉の安全性に対する情報等）の不足なども遠因としてあり，反省すべき点が多い．

　またこの事故の影響によって，全国で定期検査中を含めた当時 57 基のすべてが一時全面停止する事態となった．再稼働条件として実施したストレステスト（コンピューターによる耐久性診断）の遅れ，また世論の紛糾もあり定期検査終了後の原子力発電所の再開も大幅停滞した．このため全国的電力不足（計画停電，節電強化），火力発電所の再開（LNG の輸入増による貿易収支の悪化，電力料金の値上げ，二酸化炭素排出増加），産業への被害（一部の製造業，漁業・水産業，農業の崩壊）を起こした．また発電所構内にたまった大量の汚染水（地下水も含む）の貯蔵，海洋放出問題や被曝による健康問題[†2]，周辺地域の汚染による多数の避難者やさらには 10 年以上にわたる長期帰宅困難住民などが発生し多くの被害を及ぼし，また被害による多数の失業者の発生，汚染地域の除染問題など全国に及ぶ多くの社会的損害も大きな問題となった．

　†1　原子力発電設備には多重防御システムが備えられており，十分に教育されている技術者によって安全操業されていて，また重大な自然災害による想定外の全電源同時喪失などの事故はありえないとする安全意識．
　†2　放射性物質の放出による被曝が人間の健康に及ぼす影響が心配された．被曝量と人体への影響は図 5・10 のようである（§5・3・3D）．一般の人が年間に浴びる許容量は 1 ミリシーベルト（mSv）以下，原子力発電所事故などの緊急時の許容量は日本は 20 ミリシーベルト以下とされている，さらに影響を受けやすい子供に対しては年間 1 ミリシーベルト以下とすることが求められた．福島第一原子力発電所事故の際にはいち早い避難や除染対策などが行われ住民の健康被害が及ばないように対策されたが，子供を中心にひき続き健康への影響を観察してゆく必要がある．

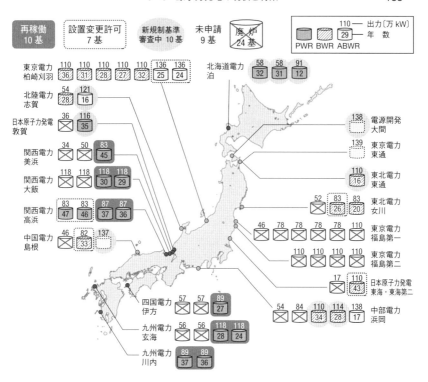

図5・8 日本の原子力発電所の設置場所 (2022年5月16日時点). 破線で示した発電所は建設中である. ["日本の原子力発電所の状況" より改変]

査に合格して稼働中のものは10基にとどまり, 残りの26基は同委員会の審査に合格していても地元の合意が得られていないもの, あるいは同委員会で審査中ないし審査請求を検討中 (未申請) のものである. なお, 原子力発電設備は原則40年で廃炉とする (コラム15) ことになっているが, 廃炉するには約30年の長期間 (解体準備に約7年, 周辺設備の解体に約12年, 原子炉本体の解体に約7年, 建屋等の解体に約4年, "エネルギー白書2021") と多大な費用 (p.157参照) を要する.

5・3・3 原子力発電の問題点

A 経済性

原子力発電は発電所建設の初期投資は大きいが燃料費が安く, 電力のベース供給

施設として用いるので稼働率も高く，発電直接コストが安いことが特徴である．現状（2020年）では発電コストは設備の形式，規模などにより変動するが，おおむね水力 約11円/kWh，石油火力 約27円/kWh，石炭火力 約13円/kWh，天然ガス火力 約11円/kWh，原子力発電 約12円/kWh といわれている（表4・9）．しかし，複数の経済学者の試算結果によれば"廃炉に要する費用，放射性廃棄物処理費，原子力関係の研究開発投資あるいは政府補助金（電源開発交付金）などを算入すれ

コラム15　原子力設備の今後の予測

　原子力発電設備の寿命は日本では原則40年としているが，原子力規制委員会が新基準（2013年設定）に則って安全設計の見直しや工事などを審査して合格した設備には1回に限り最大20年までの延長を認める（寿命60年）ことができるとしている．日本には全国に60基の原子力発電設備があるが，今後原子力発電設備の老化が進むと，下図に示したように寿命40年とした場合には2030年頃には残存している施設は27基（能力約2700万kW）となり，2050年頃には3基（約400万kW）となるおそれがある．さらに寿命を60年まで延長し建設中の3基の設備が加わったとしても2030年には36基（約3700万kW），2060年頃には8基（約1000万kW）となり全国の電力供給バランスに支障が生じる懸念もある．これを補填するためには既存設備の増設・改造や新規設備の建設などが必要であるが，国および地元自治体の合意などが必要であり問題も多い．

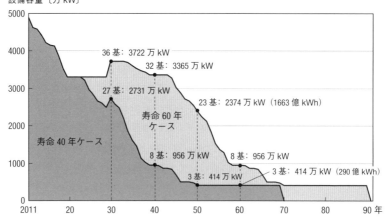

日本の原子力発電設備の予測 ["原子力政策の課題と対応について"，2021年2月]

ば，上記コスト比較は逆転する"との報告もあり，各種試算の根拠には十分注意すべきである．また欧米諸国では原子力発電コストはその他の発電方法に比べてコスト高であるという認識も広まっており，日本でも経済性の見直し（政府，電力会社）をするべき時期にきている．

　さらに今後は，発電コストに対する高レベル放射性廃棄物の再処理コスト（§5・5・4），貯蔵コスト，廃炉コストなどの負担（電力料金の値上げ）が増えてゆくであろう．原子力発電所は建設後原則 40 年で廃炉となる方向（コラム 15）であるが，その際標準的な原子力発電所（たとえば，110 万 kW 級の加圧水型軽水炉原子力発電所）の解体には約 400 億円（建設費の 10 ％程度）の費用を要し，さらにそこから出る全廃棄物の量および放射性廃棄物の量はそれぞれ 50 万～ 60 万トン，3 万～ 4 万トン程度あり，これらの処理にはさらに 180 億～ 190 億円を要する（廃炉費用としては約 600 億円）と推定されている（総合資源エネルギー調査会 原子力部会）．また核燃料サイクルシステムや放射性廃棄物の処理（地下埋設）に要する費用は電力業界全体で 80 年間に 18 兆～ 20 兆円にも及ぶ（電気事業連合会）ともいわれ，これらの費用の一部は今後原子力の発電コスト（電力料金）に上乗せされるようになるであろう．今後とも原子力発電の経済性には精査が必要である．

B　資源問題

　後述するように，天然のウランは瀝青ウラン鉱などの中に 0.1 ～ 0.5 ％存在し，その資源量は世界で約 470 万トン（陸上資源の確認可採埋蔵量，§5・4・1）である．しかし，天然のウランのうち核燃料として利用できるのは $^{235}_{92}$U のみであり，その量は全ウラン中のわずかに 0.72 ％（天然原子存在比）でしかない．この貴重なウラン資源を現状のような方法で利用*し続けると，**ウラン資源も 22 世紀中ば頃には枯渇する**という問題が起こるおそれがある（p.166 の脚注参照）．

　したがって，ウラン資源の寿命を延長し，世界のエネルギー問題を根本から解決するためには，ウラン資源をもっと有効に活用する新しい原子力エネルギー利用技

---

　*　現状のような利用方法とは $^{235}_{92}$U のみを利用する方法をさす．§5・5・1 で後述するように，現状では通常の軽水炉では $^{235}_{92}$U の有効利用率は 75 ～ 80 ％にとどまり，また大部分の $^{238}_{92}$U や核分裂反応によって生成した $^{239}_{94}$Pu は，利用されないままに廃棄（核廃棄物の安全保管）されている．すなわち，現在の原子力発電所で有効に利用できるウラン量は，燃料（$^{235}_{92}$U を約 3 ％含有する濃縮ウラン）に含まれている全ウランの中のわずかに 3 ～ 4 ％程度（有効に利用された $^{235}_{92}$U＝2 ％，$^{239}_{94}$Pu に転換された $^{238}_{92}$U＝1 ～ 2 ％）にすぎないのである．このような方法で利用し続けるとウラン資源（図 5・12 など参照）の寿命は約 85 年ということになり，ウラン資源を予想以上の速さで使いきってしまうことになる．

術の研究推進（核燃料の回収再利用，プルサーマル技術，高速増殖炉開発そのほか），安全対策の確立（原子炉の保安対策の強化，核廃棄物の安全処理対策など），正しい情報の開示，エネルギー問題に対する**正しい理解に基づいた市民の合意形成**など（エネルギー浪費の抑制意識に基づく原子力利用の低減そのほか）が強く望まれるところである．

C　安全問題

　原子力発電の安全に関する問題としては，①設備の構造および運転上の安全対策，②運転に伴う微量の低レベル放射性物質（廃棄物）の排出，③高レベル放射性廃棄物処理や原子炉事故への対応などの問題をあげることができるであろう．

　①は原子炉の構造，設計，事故対応設備，あるいは日常の運転管理に関する課題である．原子炉には自己制御性があり，また多重防護設備あるいは緊急停止装置などが設けられている．さらに作業標準（マニュアル）の整備，安全教育の実施などによって原子炉運転の安全が保たれる必要がある．

　しかし設備の不良（旧ソ連圏の旧型原子炉などの設計不良，経済性重視の設備など），安全管理の不足（設備の保全，運転員の教育不足，未熟，不当な実験など）あるいは福島第一原子力発電所の事例のように自然災害に対する対応不足などが重なると現実に事故が起こることがある．正しく設計された原子炉には自己制御性があり，多重防護壁に守られているとはいえ従来の安全対策や自然災害への安易な想定

表5・4　原子力発電所事故レベルの国際評価尺度（INES）

レベル1: 逸脱．例: 高速増殖炉"もんじゅ"のナトリウム漏洩事故など
レベル2: 異常事象．例: 蒸気発生細管の損傷など
レベル3: 重大異常事象．例: 東海村再処理工場の廃棄物処理設備事故など
レベル4: 所外の大きなリスクを伴わない事故．例: 1999年9月 東海村・核燃料製造会社（JCO）の臨界事故など
レベル5: 所外へのリスクを伴う事故．例: 1979年の米国スリーマイル島発電所2号炉の誤操作による事故など
レベル6: 大事故
レベル7: 数万テラベクレル以上の放射性物質の放出などの深刻な事故．例: 1986年のウクライナ・チェルノブイリ発電所4号炉の規則違反実験による事故（放射性物質放出量520万テラベクレル），2011年の自然災害に起因した福島第一原子力発電所事故（同77万テラベクレル）

に基づく**安全神話**を過信することは官民ともにあってはならない[*1]．日本では原子力発電所の安全を審査するために原子力規制委員会[*2]で原子力利用における安全を確保する目的に関して厳重な審査が行われている．原子力設備の事故の程度についてはその重大性に応じ表5・4に示したようなレベル1〜7までの国際評価尺度が定められている．

②の低レベル放射性廃棄物についてはD項（環境問題）で，③の高レベル放射性廃棄物処理については§5・5で詳しく述べるのでここでは省略する．

D　環境および健康に関する問題

原子力発電に伴う環境問題には二つの面がある．一つはC項の②の低レベル放射性物質（廃棄物）の排出問題である．原子炉の運転に伴いごく微量発生する放射性ガス（タンク，復水器などからの排気ガス；生体中には取込まれないKr, Xe と，取込まれるIなど）に対しては吸着，低温液化などによって処理されている．また冷却水，洗濯廃液（作業員の服などの洗濯），床洗浄排水，作業機材などに含まれる微量の放射性物質〔トリチウム（三重水素），I, Co, Mn など〕は濃縮，ゼオライト吸着，イオン交換，活性炭処理，焼却，固化などによって実質的な環境汚染がないよう（基準値以下）に管理されている（図5・9）．しかし処理水にトリチウム（吸着処理などでは捕捉されない）が含まれる場合，河川，海域に放出する場合には一定基準に希釈するなど注意が必要である[*3]．

また，原子炉設備付近の大気，水質は常時観測（環境モニタリング）されている．環境中の放射線の安全性については，国際放射線安全委員会による勧告値があり，これに基づく国の安全基準が定められている．

二つ目は放射性物質が人間の健康に及ぼす影響である．人体に及ぼす放射能被曝量の影響は図5・10のようであり，100ミリシーベルト以上となると健康に影響が

[*1]　原子炉には"安全神話"がありがちであったが想定範囲を超える事故，自然災害によっては全電源の同時喪失，炉心溶融，水素爆発などによって重大な事故に至ることがある（たとえば2011年の東日本大震災など）．重大事故には至らなかった全電源喪失事件は各国でも見受けられている．

[*2]　2011年の福島第一原子力発電所の事故の反省として2012年に環境省外局として設置された．下部に原子力規制庁や原子炉安全専門審査会などを有している．

[*3]　福島第一原子力発電所構内には大量の排水処理水（構内1000基以上のタンク内に約130万m³）が保管されているが，政府（原子力規制委員会）はトリチウムなどの濃度が1500ベクテル未満（国の排出基準の1/40，WHOの飲料水基準の1/7程度）となるように海水で希釈し沖合1kmの海中に放出することを認めた（2022年）．しかし，全排水を放出するには数十年を要するとも推察されているほか，海中放出による風評被害を懸念する声（漁業関連団体など）もあり政府および東京電力の今後の対応が注目される．

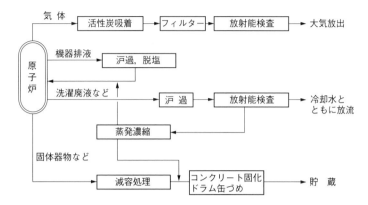

図5・9　原子力発電所における低レベル放射性廃棄物の処理（概要）

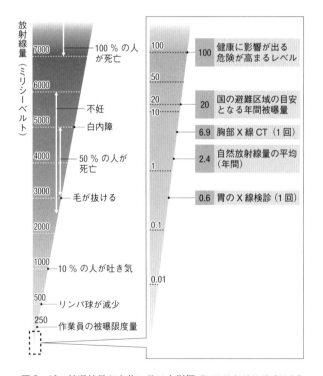

図5・10　被曝線量が人体に及ぼす影響　[国際放射線防護委員会]

でる危険性が高まるといわれている．一般の人が年間に浴びる許容量は1ミリシーベルト以下，原子力設備の事故などの緊急時には世界では年間20～100ミリシーベルト（ICRP: 国際放射線防護委員会），日本では20ミリシーベルト以下とされている，さらに影響を受けやすい子供に対しては年間1ミリシーベルト以下とすることが求められている．

　三つ目は二酸化炭素問題である．種々の発電法による二酸化炭素排出量の比較については図5・11に示したように，原子力発電における二酸化炭素の排出量は低い（ただし，廃炉処理に伴う量などは不算入）．この点に関しては原子力発電法は地球温暖化防止に対しては優れた方法であるといえる．

5・3・4　日本の原子力エネルギー平和利用の課題

A　原子力エネルギー資源の安定確保

　現在，日本のウランの調達量は年間約7600トンであるが，そのほとんど全量をカナダ，英国，南アフリカ，オーストラリアなどの海外に依存している．このた

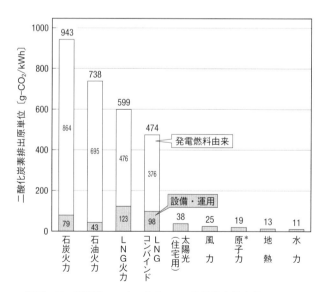

図5・11　電源別のライフサイクル二酸化炭素排出量［“エネルギー白書2021”］
〔＊　ただし，ウラン燃料の製造，使用後燃料の再処理などから発生するものは加算されていないと思われる（著者）〕

め，ウラン資源の長期安定調達態勢の確立，ウラン資源の有効利用など，**原子力エネルギー資源の安定確保**が重要である．

B　原子力政策，エネルギー政策の確立

　日本は，原子力エネルギーの平和利用原則（核の軍事利用の禁止）に従って原子力エネルギーの利用は**非軍事利用に限定**している．日本は国民の生活保全，産業の維持・発展のためにはエネルギー確保（総量および化石燃料エネルギー，再生可能エネルギー，原子力エネルギーなどのバランス）と地球温暖化防止対策（二酸化炭素排出削減など）の両面を成立させることが焦眉の問題であり，エネルギー政策およびその中における原子力平和利用に関する**国レベルでの議論，政策・方針の確立**がきわめて重要な課題である（表5・5）．

表5・5　電源構成に関する実績および目標値

	震災前の実績 （2010 年実績）	現状 （2020 年実績）	2030 年 （目標値）
原子力発電の比率	約 26 %	6 %	20 ～ 22 %
再生可能エネルギー（水力を含む）の比率	約 11 %	18 %	30 ～ 38 %
火力発電の比率	約 60 %	76 %	約 41 %

出典:“第6次エネルギー基本計画”など.

　日本のエネルギー政策および原子力政策はエネルギー基本法，原子力基本法に定められており，“原子力政策の課題と対応について”（資源エネルギー庁，2021 年）でも大きく論じられている．その中では以下のような諸点などが議論されている（各項の要点は関連する章，節で述べたので省略）．

- カーボンニュートラル志向の中で，原子力発電の在り方
- 一次エネルギー供給体制の中での原子力発電の位置づけ
- 原子力利用の安全性の追求（原子力規制委員会の活動，技術開発の促進，防災対策の強化など）
- 核燃料サイクルの考え方（推進）
- 使用済み核燃料（放射性廃棄物）の処理問題
- 福島の復興（期間環境の整備など）
- 原子力利用に対する理解への取組み（広報，教育など）

今後は原子力発電に対する新たな理念（政策）に基づき，**原子力利用を抑制しつ
つ再生可能エネルギーの利用増強の方向**を目指し，あるいは**強力な節電**（省エネル
ギー，第6章）に努める必要があり，現実をふまえながら将来に対して国民全体で
真剣に取組む必要がある．

C　いっそうの技術確立と情報公開

日本の原子力発電技術は世界のトップレベルにあるが，原子炉の製造，運用，安
全対策のいずれにおいてもなお改良・改善の余地がある．過去における技術開発の
動向には原子炉本体に関する技術に偏重したきらいもあったが（原子炉技術者の独
善），原子炉の技術的研究開発とともに安全性を中心としたハード・ソフト技術，
付帯技術（運転管理技術，原子炉本体以外の周辺技術，環境対策技術，廃炉技術な
ど）重視への転換がいっそう必要である．また，安全対策などの技術情報，原子炉
運転状況，環境保全状況などの情報の積極的公開が国民の不安を除き，原子力利用
への社会的受容性の確立などが日本の原子力政策の推進のためにも重要である．

D　廃棄物再処理システムの整備

§5・5で詳しく述べるが，核廃棄物の増加とともに電力会社（原子力発電所）お
よび政府が抱える問題に廃棄物再処理システムの確立（§5・5・1）がある．現在は，
このシステムが不備であり，使用済み核燃料を発電所内にやむなく保管しているた
めに原子力発電所が**トイレのないマンション**などと揶揄される原因となっている．

E　余剰プルトニウム対策

原子炉（ウランの核分裂反応）を利用すると必ずプルトニウムが副生する（§5・
1）．プルトニウムは軍事目的利用の懸念があり，国際的な核拡散防止条約（§5・4・
2）の対象となっている．プルトニウムの平和的利用法には高速増殖炉（§5・2・2）
燃料としての利用，あるいはプルサーマル法（§5・2・3）による軽水炉などでの利用
法などがある．

F　核廃棄物の処分問題

原子力発電には上述のような原子炉本体の安全問題のほかに，発電を終えた燃料
（使用済み核燃料）は高いレベルの放射能を帯びており，これをいかに安全に処分す
るかという大きな問題がある．核廃棄物の処分法には大きく分けると①**直接埋設
処分法**（地中埋設法）と②**再処理法**（ウラン，プルトニウムの回収）があるが，①に

は使用済み核燃料とともに②から排出する高レベル廃棄物を埋設するための安全な場所の確保の問題，さらに②には技術の問題とともに再処理コストの問題がある．ここでは問題点をあげるにとどめ詳しくは§5·5で述べることにする．

　上記のように，日本の原子力エネルギーの利用（原子力発電）には技術的問題もあるが，それ以上に環境，安全問題などの**社会的問題**（受容性など）のほうがより大きな課題であり，その解決のためには政府，市民ともにいっそうの努力が必要である．

コラム 16　　原子力発電への賛否両論

　日本では 1965 年に原子力発電を開始以来 "原子炉の安全神話" を信じて官民ともに原子力発電を推進してきた．もともと "原子アレルギー" に基づく否定的意見もあったが，2011 年の東日本大震災の被害を受けて以来，原子力利用に対して批判的（否定的）な意見が広がった．原子力発電には，

- ・安定した電力の供給（ベースロードとしての働き）
- ・発電効率が高く火力発電よりも安定な電力
- ・二酸化炭素の排出が少ない（地球温暖化防止対応）

などの利点があるが，

- ・事故（炉心損傷など）が起こると重大事故になることがある
- ・使用済み核燃料（放射性廃棄物）の処置技術が確立していない（トイレのないマンション）
- ・再処理後の高レベル放射性廃棄物の処理（永久地中埋設など）に問題解決ができていない

などの難点もある．安定した安価な電力は日本の経済活動（国際競争力）に有効であり，また国民生活を豊かにできる要因でもある．一方，増加が続く放射性核物質を未来永劫保有してゆく（次世代に**負の遺産**を残す）危険性にはどうやって対処すればよいのであろうか，この相反する立場によって原子力発電への賛否が分かれている．この大きな問題に対する正解が何であるかを判断するのは大変難しいが，一つの解決は国民が官民あげて**省エネルギー**（省電力）に努める一方，最大限の**再生可能エネルギーの開発**を政府の強力な政策とともに産学あげての技術開発を急速に進めながら，安全が保証された**最小限の原子力発電所**のみを一定期間 "核廃棄物の総量規制"（原子力発電の制限，日本学術会議提案）などを行いつつ稼働も認めざるをえないのではなかろうか．これには政府が責任をもって定めるロードマップ（国民が納得できるもの）に従って官民あげて一日も早く原子力発電問題を解決する努力をすることが一つの道ではなかろうか．読者諸氏のご意見をうかがいたい．

5・4 核 燃 料 資 源

　ウラン (uranium) は，1789 年に発見されたアクチノイド元素の一つである．天然の放射性アクチノイド元素は U, Th のみであり，そのほかのアクチノイド元素はすべて人工元素である．

5・4・1 ウ ラ ン 資 源

　ウランは瀝青_{れきせい}ウラン鉱（pitchblend, UO_2, U_3O_8. 低品位ウラン鉱の U 含有量は 0.1 %程度），閃_{せん}ウラン鉱（uraninite）のほか水酸化物，リン酸塩，ケイ酸塩などのかたちで存在する．

　ウランは陸上に約 1500 万〜1800 万トン（推定値，期待値を含む）あるといわれている．しかしその確認可採埋蔵量は約 470 万トン＊（260 米ドル/kg U 未満）である．また，その分布は図 5・12 に示したようにオーストラリア，北米，旧ソ連圏など一部の地域にかなり偏在している．寿命は，現在のような使用方法を続ければ

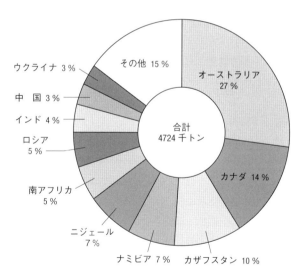

図 5・12　260 米ドル/kg U 未満のウラン資源の分布状況
［"EDMC/エネルギー・経済統計要覧（2021 年版）"］

　＊　ウランの確認可採埋蔵量は採掘の経済性によって幅がある．また年次によって報告（NEA/IAEA など）の数量にも変動がある．経済的に優れた資源量（採掘コスト 80 米ドル/kg U 以下）は約 125 万トンともいわれ，採掘コスト 130 米ドル/kg U 以下の量は約 380 万トンという報告もある．未発見埋蔵量が 1500〜1800 万トンあるともいわれている．

85 年程度＊といわれている．日本にも人形峠（鳥取県）などにウラン資源（品位 0.05％以上の鉱山，資源量約 7000 トン）があるが経済性には劣る．

　また，ウランは海水中にも存在する．海水中のウラン濃度は 3.3 ppb にすぎないが，海洋全体では資源総量は約 42 億トンにも達する．海水中からは溶媒抽出（クラウンエーテル錯体，キレート錯体などを利用），吸着分離，膜分離などによって採取でき，研究が進められているが現状では経済的には困難である（回収コストは従来の陸上ウラン鉱採掘法の 5 倍程度）．

　天然ウランを通常の原子力発電用に用いる場合には，$^{235}_{92}$U を 3 〜 4 ％程度にまで濃縮したもの（**濃縮ウラン**，enriched uranium）が用いられる．天然ウラン鉱からの**ウランの精製・濃縮**は，まずウラン鉱の酸・アルカリ分解，イオン交換，有機溶媒抽出などで粗精錬してイエローケーキ〔二ウラン酸アンモニウム，$(NH_4)_2U_2O_7$〕としたのち，六フッ化ウラン（UF_6）に転換し，ガス拡散分離法，遠心分離法，レーザー濃縮法などの方法よって同位体分離を行い，$^{235}_{92}$U を 3 〜 4 ％にまで濃縮する．濃縮した UF_6 から再び精製二ウラン酸アンモニウムをつくり，熱分解，水素化，成形などの工程を経て燃料のウランペレット（UO_2）が製造される．世界のウラン濃縮事業は，2010 年の時点で，ロシアの ROSATOM，フランスの AREVA，英国・オランダ・ドイツの共同事業体 URENCO，米国の LES の 4 社で 80 ％以上のシェアを占めている．

5・4・2　プルトニウム資源

　プルトニウム（plutonium）は天然にはなく，1940 年にサイクロトロンを用いて初めてつくられた人工元素（米国，G. T. Seaborg）である．比重 19.8 という非常に重い金属で，α 線を放射する．天然ウラン $^{238}_{92}$U の増殖反応（中性子照射）によってプルトニウム（$^{239}_{94}$Pu）が生成する．

　前述のように，原子力発電に用いることができる天然の $^{235}_{92}$U は全ウランの0.72 ％しかなく，寿命が 85 年程度であることを考えると，天然ウラン中の 99 ％を超える核分裂しにくい $^{238}_{92}$U を有効利用することを考えなくてはならない．その一つがプルトニウムとしての利用である．核分裂しにくい $^{238}_{92}$U を，核分裂をする$^{239}_{94}$Pu に変換してエネルギー源として利用できれば，核燃料資源の寿命延長策（計算

＊　ウラン資源の寿命については定説がない．世界のウラン生産量は約 5.5 万トン U/年（2020 年）である．ウランの資源量 470 万トンとすれば寿命は 85 年，資源量 125 万トン（80 米ドル/kg U以下）とすれば 23 年ということになる．

上の寿命は 7000 〜 10000 年にもなる，エネルギー源の半永久的確保が可能）として大いに注目すべき方法である.

しかし，一方，プルトニウムには毒性*があり，またプルトニウムは強力な核兵器（プルトニウム爆弾）の原料ともなりうることなどを考え，プルトニウムの利用には国連（核拡散防止条約，NPT），IAEA（国際原子力機関，加盟 127 カ国）などによる核拡散防止，軍事利用に関する国際的な厳重監視・査察が行われている.

単体のプルトニウムは§5・5・1 で述べるように核廃棄物から再処理工程において単離されるが（図5・14 参照），プルトニウムの生産技術はほぼ確立されている. プルトニウムの平和利用には，**高速増殖炉**による活用，軽水炉での **MOX 燃料**を用いる**プルサーマル技術**（§5・2・3）による利用などがある.

5・4・3 その他の資源

天然にはトリウム $^{232}_{90}\mathrm{Th}$ が存在する（確認埋蔵量約 120 万トン）. Th のほかの核種は天然には存在しない. Th も熱中性子によって核分裂するが，これを商用原子力発電に利用した例は米国に 1 カ所（高温ガス炉）あるだけである.

5・5 核廃棄物の処理と核燃料サイクル

原子力発電に用いた使用済み核燃料は数 % の高レベル放射性物質を含んでいる（図5・13）. 使用済み核燃料の処理については二つの方法がある.

① 使用済み核燃料の**直接処分法**（地中埋設法）

② 使用済み核燃料の**再処理法**（ウランとプルトニウムの回収再利用）

である. ①は広大な用地を有する米国などで豊富なウラン資源（§5・4・1）と処分の経済性を勘案した立場である. これは使用済み核燃料を処理はせずそのまま地中深く永久に埋設処理する方法（§5・5・3）である. そのほか地層処分法なども試行されている. ②は日本などエネルギー源の確保・自立の立場からウラン資源の有効利用（回収プルトニウムの利用を含む）を重視した方法である.

5・5・1 使用済み核燃料の再処理技術

原子炉内の核燃料の核分裂反応が進むにつれ原子炉内には中性子を無駄に吸収する核分裂生成物が蓄積し，連続的な核分裂反応が順調に進まなくなったり，あるい

---

* プルトニウムは，体内の消化器には吸収されず（吸収率 0.1% 以下），容易に体外に排出されるが，呼吸器や血液を通して吸収されると骨，肝臓などの臓器に沈着する. 強い α 線を放出するため放射性障害，あるいはがんの原因となるおそれがある.

は燃料ペレット（または燃料棒）が熱変形したりするので，核燃料中の $^{235}_{92}$U の残存量が一定値以下（残存量 0.8 % 程度）になると燃料棒を交換する．すなわち，現状では $^{235}_{92}$U の有効利用率は 75 〜 80 % 止まりである．

取出した燃料棒（使用済み核燃料）には未反応の $^{235}_{92}$U や，$^{238}_{92}$U から生じた $^{239}_{94}$Pu のほか，多数の放射性物質（ガス，金属単体，酸化物，固溶体そのほか）が含まれている．放射性元素の割合は代表例を図 5・13 に示したように，ウラン（$^{238}_{92}$U）約 95 %，プルトニウム約 1 %，その他の核分裂生成物 3 〜 4 % 程度である．

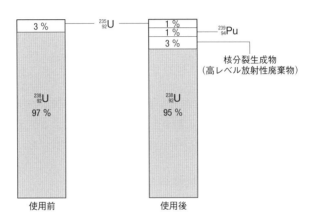

図 5・13　原子力発電用燃料の使用前後の代表的組成
［電気事業連合会資料などより］

これらから有用な燃料（ウラン，プルトニウム）を回収し，また高レベルの放射性物質（廃棄物）を分離，除去する必要がある．核燃料廃棄物の**再処理**（reprocessing）は図 5・14 に示したような化学的方法（硝酸溶解法など），物理的方法（リン酸トリブチルなどによる有機溶媒抽出など）によって行われるが，ウランとプルトニウムを高純度で回収することや，危険性が高い高放射性物質の取扱いなど高度な技術が要求される．

5・5・2　核燃料サイクル

使用済み核燃料中に多量に残存しているウランおよびプルトニウム（97 %，図 5・13）を回収することによって繰返し利用すればウラン資源の寿命を心配することなく，また資源を他国に依存することなくエネルギーの自立ができるので日本など

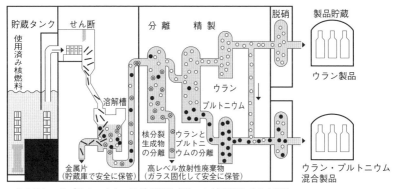

○ウラン　●プルトニウム　⊗核分裂生成物　ー被覆管などの金属片

図5・14　使用済み核燃料の再処理工程概念図 ［電気事業連合会資料などより］

で使用済み核燃料再処理技術の開発・実用化が進められている．

　ウラン燃料を循環利用するシステム（核燃料サイクル）を完成するためには，使用済み核燃料から有効成分（ウランとプルトニウム）を回収する技術と，再生した燃料を利用する技術（プルサーマル技術，高速増殖炉など）の両者が完成していなければならない．核燃料サイクルの内容は，

　　①ウランの採掘，精錬，加工
　　②適正な利用（主として原子力発電）
　　③使用済み核燃料の再生（ウラン，プルトニウムの回収）
　　④放射性廃棄物の処分

などであり，図5・15に示したように構成されている．

　ただし，③（使用済み核燃料の再生）には高度な技術が必要であり，また軍事利用の懸念があるプルトニウムを併産するので，核拡散防止（世界の平和維持）のためには厳重な国際的な監視，管理が必要である．しかし，核拡散防止条約に加入していない国（イスラエル，インド，パキスタン，北朝鮮，南スーダン）もあり，問題は複雑である．

　日本では，青森県六ケ所村にウラン濃縮工場，再処理工場（処理能力800トン/年），低レベル放射性廃棄物埋設センター，高レベル放射性廃棄物貯蔵管理センター，MOX燃料工場（建設中，2024年完成予定）が建設されている．ただし技術上の問題(度重なる設備の不具合など)，種々の世論の動向などもあり再処理工場は

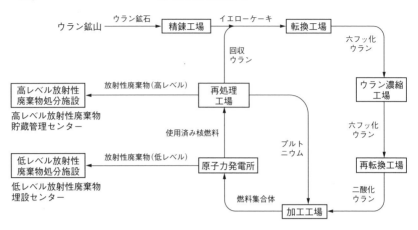

図5・15　核燃料サイクルの構成［経済産業省資料などより］

本格的稼働には至っていない.

　世界で使用済み核燃料の再生・再処理を行っているのは英国，フランス，ロシア，日本，インド，中国の6カ国のみであるが，大型の商業再処理工場を稼働させているのはフランスと英国のみである（2022年現在）. 米国は核拡散防止，経済性重視のため商業的再処理をせず，現在のところは直接処分法を採っている. しかし，各国ともたまり続ける使用済み核燃料の増加と，後述する放射性廃棄物貯蔵施設（§5・5・3）の不足の不均衡に悩んでいる. 日本では全国の原子力発電所から出る放射性廃棄物の量は13000〜17000トン/年であるが，使用済み核燃料貯蔵施設の不足，海外再処理契約の満了，高速増殖炉技術の未完成，使用済み核燃料再処理工場の稼働の遅れなどがあり，経済性の問題を含め核燃料サイクルの抜本的見直しの議論*が進められている.

5・5・3　放射性廃棄物の貯蔵と処分

　日本では，原子力発電所の使用済み核燃料は，再処理されるまでの間は発電所内（使用済み核燃料プール）および使用済み核燃料貯蔵施設（貯蔵容量，ウラン換算3000トン，青森県六ケ所村）で保管される. 日本の発電所内の貯蔵容量は約2万トンであるが，あと数年程度で満杯となる見込みであり，貯蔵能力不足が大きな問題

　＊　政府は核燃料サイクル方針を維持する考えであるが，このサイクルは今後の原子力発電所の稼働状況や，使用済み核燃料の処分問題（§5・5・3）との関連が強く，今後この方針の是否が問われるところである.

となってきている.

放射性廃棄物は, 再処理工場で**低レベル放射性廃棄物**（low level radioactive waste）と**高レベル放射性廃棄物**（high level radioactive waste）に分けられる. いずれの放射性廃棄物も濃縮, 固化（ビチューメン固化, セメント固化, ガラス固化, ステンレス D/M 缶づめなど）して長期保存される.

1）低レベル放射性廃棄物（低レベル廃液, 冷却排水, 衣服・器具, 洗濯廃液など主として β・γ 壊変する短寿命の放射性元素を含むもの）は濃縮, 焼却（減量化）, ドラム缶封入したのち, 発電所, 再処理工場内の保管場所, あるいは廃棄物埋設センター（青森県六ケ所村）で埋設保管される. しかし日本では, 再処理工場の稼働の遅れや原子力発電所敷地内の保管施設が満杯となるなどのおそれのため, 発電所外の場所での一時保管が議論されている.

2）高レベル放射性廃棄物（α 壊変し半減期が長い放射性元素, 主として酸分解生成物）は使用済み核燃料の再生処理工程から発生するが, 濃縮後ガラス固化体として中間保存（冷却, 残存核反応熱除去, 30 〜 50 年程度）したのち, 地層処分（地下数百 m 以上の深部地層安定岩盤内で 100 年以上）で永久保存する方法も検討され, フィンランド, スウェーデン, 米国などで計画が進められている[*1]. 高レベル放射性廃棄物の埋設処分に要する費用は日本全体では約 3 兆円を要するといわれている. 日本では, 2040 年頃には操業開始できるよう技術研究, 立地の選定（北海道などでの文献調査）などの計画が進められているが, 現実には超深度の安定した岩盤を有する広大な用地（地表部分を含め）の確保は国内では困難であり永久保存実現の目処は立っていない. また, 日本学術会議などは超深度地層永久処分技術には多くの問題があり（不確定要素が多い）, 抜本的見直しをするべきとの意見[*2] も出ている.

5·5·4 使用済み核燃料再処理の経済性

従来日本の原子力政策は日本のエネルギー自立の立場から, 使用済み核燃料の全量再処理を前提とする核燃料サイクルの実施方針に立っていた. しかし世界のウラン資源への量的不安も薄まり, また核燃料サイクルが立案された 1980 年頃にはウ

[*1] フィンランド：2016 年オンカロンの建設開始（世界初）, スウェーデン：フォルスマルクで2025 年から試験操業開始予定, 米国：2008 年ユッカマウンテンでの計画が審査中.

[*2] "超深度（地下 300 m 程度）永久処分には万年単位で考える地震, 地下水などの予測に現在では多くの技術的問題（限界）があり, むしろ浅部地層（地下数十 m 程度）での中間処分あるいは原子力発電所敷地内での暫定（一時）保管を考えるべき. また, 高レベル核廃棄物増加を抑える**総量規制**（原子力発電所の稼働に制限）を考えるべき" という提言.

ラン燃料の価格は 100 米ドル/kg U 以上（過去最高は 270 米ドル/kg U）であったが近年の世界のウラン余剰状況から価格が低落する一方，再処理に要する施設の建設費や運転費の高騰による再処理コストの大きさ*1 が問題とされるようになってきた．核廃棄物の最終処分に要する費用，コストについては下記のようなケースによって大きく差があり使用済み核燃料再処理問題（直接処分法か再処理法にすべきか）の大きな議論となっている．

日本でも今後の原子力発電の許容量（核廃棄物の排出量）や核燃料サイクルの経済性（コスト競争力，発電価格の上昇*2）などから見て原子力委員会でも 2012 年には次のようなケースを検討するようになってきた．

①従来どおり全量再処理する（所要処理費推定 14 兆 ～ 18 兆円）

②全量直接処分する（同 9 兆 ～ 14 兆円）

③両法併用する（同 14 兆 ～ 17 兆円）

ケース①は経済性では劣るが原子力発電が今後部分的にでも維持される場合や資源の節約，技術の継承などの点では優れており，ケース②は原子力発電所が全廃された場合には経済的には優れているが，直接処分する場所の確保に困難（§5·5·3）が大きいなどそれぞれに問題がある．今後日本がいずれの方向に動くべきか慎重に判断せねばならない．

5·6　核融合エネルギーの利用

人類が求める究極のエネルギーは太陽エネルギーの地球上での再現（**永遠のエネルギー源の確保**）である．すなわち，**核融合エネルギー**（nuclear fusion energy）の利用が必要となる時代が将来くるであろう．現状ではまだ未知の課題もあり研究途上であるが，将来（21 世紀後半以降）に向かって積極的に研究，技術開発が続けられている．

5·6·1　核 融 合 反 応

重水素（$^2_1$D），三重水素（放射性トリチウム，$^3_1$T）などの軽い原子核は融合して重い原子核になるほうが安定であり，その際に多量のエネルギーを放出する．この

---

*1　ハーバード大学の報告（"原子力の未来" 2003 年；米国の直接処分政策の論拠になっている）を基準に日本の再処理施設への投資（約 110 億円）を考慮すると，"再処理コストは 1500 ～ 3000 米ドル/kg U にもなる" という推算もある．

*2　2004 年の原子力委員会の報告では，"全量直接処分法で 0.9 ～ 1.1 円/kWh，全量再処理法で 1.6 円/kWh の電力料金の増加になる" としている．

ように，質量数が小さい原子核同士が衝突して質量数が大きい原子核をつくること
を**核融合**（nuclear fusion）という．

重水素，三重水素などの核を衝突させることにより質量数が大きい原子核をつく
る反応（D–T，D–D，D–He，Li–D，Li–T 反応など）は，すでに 1920 年代に発見さ
れている．

D–D 反応；　$^2_1D + ^2_1D \longrightarrow ^3_1T + ^3_2He + ^1_1p + ^1_0n + 3\sim4\,MeV$ （5・4）

D–T 反応；　$^2_1D + ^3_1T \longrightarrow ^4_2He + ^1_0n + 17.6\,MeV$ （5・5）

ここで，p, n はそれぞれ陽子，中性子を示す．

このような核融合反応の際には，生成系の質量は反応系の質量よりも若干少なく
なり，その質量差に相当するエネルギーが放出される．すなわち，核融合反応は質
量のエネルギー変換プロセスの一つである．このように，核融合反応によれば投入
エネルギー以上のエネルギーを回収することができるので，**永遠のエネルギーの確
保**への道が開けることになる．

なお，重水素は水中に 0.015 ％含まれており資源的な問題はない．三重水素は天
然にはないが，原子炉内で下式などによって製造することができる．

$^6_3Li + ^1_0n \longrightarrow ^4_2He + ^3_1T$ （5・6）

$^7_3Li + ^1_0n \longrightarrow ^4_2He + ^3_1T + ^1_0n$ （5・7）

5・6・2 核 融 合 炉

核融合炉（nuclear fusion reactor）は，核融合反応を利用してエネルギーを生産す
る装置である．世界的には 1960 年代から研究が進められている．2 億〜3 億 ℃ の
高温下で発生させたプラズマ（原子に高エネルギーを与えて裸の原子核と電子に解
離させたもの）を高磁場内に閉じ込め，その中で臨界プラズマ条件を保ちつつ，イ
オン化した裸の原子核を加速イオンビームを用いて，高速（1000 km/s 以上）で衝
突させて原子核同士を融合させる．

D–D 反応に比べ D–T 反応のほうが容易であり，一般には後者が用いられる
（ITER（イーター）など）．三重水素（^3_1T）を用いると核融合の際に放出される中性子は，通常
の発電用原子炉からのものより 10 倍以上のエネルギーをもつことから，原子炉材
の耐久性あるいは事故時の安全性には十分な対策が必要である．米国などでは，中
性子を放出しない，より安全な He–D 反応を採用すべきであるとの意見もあるが，
いまだ基礎研究段階で，技術開発の見通しは立っていない．

He–D 反応；　$^2_1D + ^3_2He \longrightarrow ^4_2He + ^1_1p$ （5・8）

核融合炉の型式には種々のものがあるが，トカマク型（日本原子力研究所 JT-60 SA[*1] など）が有名である．また国際熱核融合実験炉（ITER: International Thermonuclear Experimental Reactor, 熱出力 50 万 kW）が EU（フランス）に設置されている（2005 年）．

核融合炉の研究・技術開発は 2050 年代の実用化（実証炉）を目指して進められているが，核融合炉開発の最大の課題はプラズマの発生と閉じ込め技術[*2]，保持時間の延長などであり，超伝導技術などの最先端技術の集積も必要である．そのほか材料開発（耐熱・耐中性子能材料，拡散・貫通しやすいトリチウムの閉じ込め材料など），経済性の確認（軽水炉よりも大型になり，建設コスト約 4 倍，発電コスト約 2.2 倍以上といわれる），運転に伴う廃棄物処理費の推算（通常の原子力発電よりは少ない），あるいは廃炉問題（通常の原子炉の 10 倍以上の強力な中性子によって放射能を帯びた炉壁などの汚染廃棄物の処理）など，解決すべき課題も多い未来技術である．

---

*1　日本の JT-60（1985 年運転開始，1996 年 5 億 2000 万 ℃ のプラズマ温度，プラズマ温度の 28 秒間維持などの世界記録達成．2008 年運転停止）を改修してプラズマ状態 100 秒を目標にする．
*2　核融合反応を開始するための臨界プラズマ条件，反応を持続するための自己点火条件の達成などが当面の課題である．強磁場，大電流，超高温，超低温などの極限技術が必要である．

6

省エネルギー

　現在と同様にこれからもさらなる経済成長と産業の発展が期待され，また生活の
いっそうの高度化が進むと，エネルギーの消費はますます増大しエネルギー供給に
腐心せねばならなくなる．一方，今後地球温暖化対策のため化石燃料の利用（石炭
火力発電など）が抑制され，また世界も日本も共に安全面を重視し，脱原発の方向
に進んでゆくであろう場合には，エネルギー全般の確保・供給と同時に消費抑制が
不可欠の要素となる．

　すなわち，このような状況に対しては，

　　①**エネルギーの確保へのいっそうの努力**

　　②**エネルギーの消費の合理化（省エネルギー，無駄の抑制）**

が“車の両輪”であり，特に①よりも②が今後の大きな課題となってくる．

　本書では，①に関連してすでに各章で化石燃料エネルギー，電気エネルギー，
自然エネルギー，原子力エネルギーの供給および将来の姿について述べてきたの
で，本章では②に関連するエネルギー生産のさらなる高効率化，生産したエネル
ギーの合理的な利用方法（上手な使い方），無駄の排除，すなわち**省エネルギー**
（energy conservation, energy saving，コラム 17）について述べる．

　省エネルギー対策には，

　　①**現実に即した当面の省エネルギー対策** と，

　　②**抜本的省エネルギー対策** がある．

　①は一般にいわれている省エネルギー対策であり，市民のエネルギーに対する
意識の転換（政策，啓蒙，教育などによる）と**省エネルギー行動**（ライフスタイル
の転換その他）の実行などの**社会学的な対策**と，エネルギー生産の効率化，エネル

ギー利用（消費）の効率化，未利用エネルギーの有効利用などの**技術的対策**であり，
①"当面の省エネルギー対策"は対症療法的対策である．これに対し，②"抜本的省
エネルギー対策"は根治療法的な本質的省エネルギー技術であり，省エネルギーを
根本から推進する新技術である．たとえば超高圧直流送電，超伝導技術（発送電，
写真6・1参照），超高周波電力技術，高効率照明技術（有機エレクトロルミネッセ
ンス法など），極低電力型次世代 LSI（小型大容量デバイス，共鳴トンネル効果利用
の素子など），高効率熱電変換素子その他の将来技術がこれに相当する．

　以下では，当面の省エネルギーの基本であるエネルギー生産の効率向上，エネル
ギー利用（消費）の効率化，未利用エネルギーの有効利用などの対策に重点を置い
て述べることとする．

6・1　エネルギー生産効率の向上

　資源がもっているエネルギー（一次エネルギー）を無駄なく利用することには十
分注意すべきである．たとえば，表1・6に示したように日本では必要なエネル
ギー（二次，最終エネルギー）を得るためにエネルギー資源が有するエネルギーの

コラム 17　本当の省エネルギーとは何か

　"省エネルギー"という言葉は"冷暖房の抑制，消灯，物品の節約"などエネル
ギー使用の抑制を中心とする後ろ向きの**我慢の行動**というイメージとして受け止め
られやすい．しかし，近年の地球温暖化や原子力発電所の停滞に伴う電力不足など
の背景から，市民の間でも家電製品や自動車，住宅など省エネルギー機器やシステ
ムの採用が重要であるという認識が広まってきている．

　しかし，本当の省エネルギーは無駄の排除やエネルギー使用の効率の改善のみな
らず，**エネルギー生産の効率向上**（たとえば，発電効率の向上），**再生可能エネル
ギー利用の拡大**，未利用エネルギーあるいは廃エネルギーの活用，さらには革新的
将来技術の開発（§6・2・2(5)）など**前向きのより積極的な施策**を含めた活動である．
すなわち，われわれ市民の省エネルギー意識の改革に基づいた地道な行動（ライフ
スタイルの改善）や努力（§6・4・3）とともに技術の開発推進活動（政府と産業界の
責任）が結びついた活動が，広義の省エネルギー活動である．

　省エネルギーとは我慢の行為ではなく，地球の温暖化を防止しつつ現在以上の生
活水準の高度化を楽しみ，また産業の発展を進めながらエネルギーの合理的活用を
考える活動である．

約 1/3 を損失しているのが現実である．すなわち二次エネルギーへの転換効率を高めることが省エネルギー（省資源）の第一歩である．**熱エネルギー**（燃焼エネルギー）の利用効率は，廃熱回収ボイラーなどの活用を含めた技術においてはおおむね現在では 90 ％に達しており問題は少ないが，**機械エネルギー**の利用効率は熱力学的制約（カルノーサイクルなど）はあるものの，低効率（内燃機関 30 〜 45 ％，ガスタービン 25 〜 35 ％程度）にとどまっている．

また今後，需要の急増が見込まれる**電気エネルギーの発電効率**は表 6・1 に示したように，たとえば火力発電では 40 ％程度（複合ガスタービン 50 ％前後）であり，発電効率の向上は今後努力すべき焦眉の問題である．このために，ボイラーの高温高圧化，大型化，**超臨界複合発電システム**（600 ℃，330 kg/cm^2 以上など），コンバインドサイクル発電システム（目標発電効率 56 ％以上），高温ガスタービン（セラミック高温ガスタービン，目標 1700 ℃，発電効率約 60 ％）など（図 3・10 など）の技術開発が進められている．さらに発電効率が高いものとしては**燃料電池**（発電効率 40 〜 60 ％，コージェネレーション利用では総合エネルギー効率 80 ％以上，§3・4・1）などがある．**超伝導発電法**（superconducting power generation）などについても NEDO などを中心に研究〔目標：60 万 kW 級の超伝導発電機の開発（写真 6・1），従来のエネルギー損失の 60 ％を回収可能，設備の大きさを従来の発電機の 1/2 程度にできる〕が進められており，近い将来には実用化されるようになるであろう．

表 6・1　代表的な火力発電法のエネルギー収支（％）

	電力発生	高温廃熱（排煙）	低温排熱（温排水）
蒸気タービン発電法	40 〜 42	14	44 〜 46
ガスタービン発電法	32	68	—
複合ガスタービン法	43 〜 53	19	33

もう一つの注目すべき方法に**コージェネレーションシステム**（co-generation system，熱電併給法）がある．これは，一例を図 6・1 に示したように発電設備と熱供給設備を組合わせ，電力と熱媒体（温水，蒸気など）を同時に供給する方式である．現状ではディーゼル発電機，ガスエンジン発電機，ガスタービン発電機などを利用する比較的大型の産業用（化学，食品などの熱消費が多い業種など）のものが多いが，さらに比較的小型の設備（100 〜 300 kW 程度）も民生用として採用され

ている. 燃料電池 (溶融炭酸塩型, 固体電酸化型など, §3·4·1) を用いるシステム
も利用されるようになっている. 一例を表6·2に示す. コージェネレーションシ
ステムの総合エネルギー効率は最大で 90 % 以上まで高めることができている.
　コージェネレーションシステムは, 電気および熱を同時に必要とする民生用施設

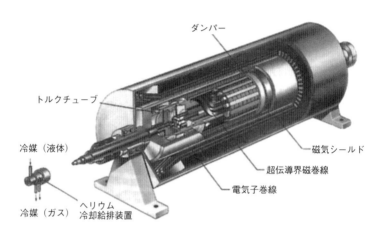

写真6·1　超伝導発電機の構造 [NEDO 提供]

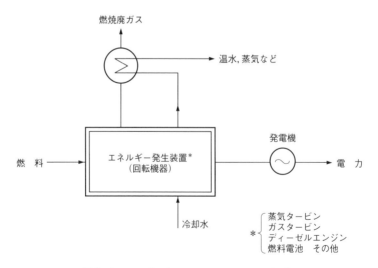

図6·1　コージェネレーションシステムの概念図

(ビル，ホテル，病院など)および産業用施設に年々採用が増加している．コージェ
ネレーションを利用した大規模地域エネルギー供給システム（熱電併給事業）など
も横浜(みなとみらい21地区)，大阪(岩崎橋・大阪ドーム球場地区，大阪ユニバー
サルシティーほか) などにある．産業界では，合理化手段の一つとして買電から自
家発電への転換対策のためにコージェネレーションの採用が増加する傾向も出てい
る．設備の設置数は1990年代以降急増し，2020年には民生用約15000件（発電設
備容量約270万kW），産業用約5800件以上（発電容量約1020万kW）となってお
り（表6・3），図6・2に示すように年々順調に増加している．民生用には300kW
程度の中小型ガスエンジン方式が主流であり，産業用には主として2000～
6000kWの大型エンジン方式のものが多い．

表6・2　コージェネレーション設備の比較

	ガスタービン方式	ガス/ディーゼルエンジン方式
発電効率	20～30％	35～40％
熱利用効率	排ガス温度500℃以上 45～55％，中圧蒸気（たとえば 180℃，8kg/cm²）を回収	排ガス温度500℃以上 40～45％，中圧蒸気（たとえば 150℃，3kg/cm²）を回収
総合効率	65～80％	75～85％
その他	高価，高出力・大型設備	安価，中・小型設備

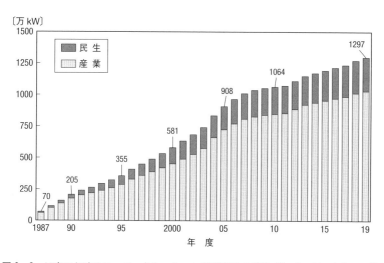

図6・2　日本におけるコージェネレーション設備容量の推移 ［“エネルギー白書2021”］

　コージェネレーションの効果の比較の一例を表6・4および表6・5に示したが，同一エネルギー量を得るためには，コージェネレーション法を用いれば従来法の約3/4(70〜75％程度)の一次エネルギーを投入するだけでよいことになり，その効果の大きさが理解できるであろう．

表6・3　日本のコージェネレーション設備（2020年）

	民生用		産業用	
	台数	能力〔万 kW〕	台数	能力〔万 kW〕
ガスタービン方式	600	54	1000	480
ガスエンジン方式	12100	140	2300	250
ディーゼルエンジン方式	2100	71	2400	250
蒸気タービン	200	2	100	40
合　計	15000	267	5800	1020

出典："EDMC/エネルギー・経済統計要覧（2021年版）"．

表6・4　コージェネレーションの効果比較例[†1]

	コージェネレーションの場合[†2]	火力発電の場合[†3]（発電用＋熱供給用）
必要総エネルギー量	286（100 ％）	393（250 ＋ 143）（100 ％）
電力供給量	100（ 35　）	100（100 ＋　 0）（ 25　）
熱供給量	129（ 45　）	129（ 0 ＋ 129）（ 33　）
エネルギー損失量	57（ 20　）	164（150 ＋ 14）（ 42　）

　†1　電力供給量を100単位とし，同一量の電力および熱を供給する場合のエネルギーの相
　　　対値．従来法/コージェネレーション法＝393/286≒1.4倍
　†2　発電効率35％と想定．
　†3　発電効率40％，ボイラー効率90％と想定．

表6・5　コージェネレーションシステムと従来法との比較[†]

	従来のシステム	コージェネレーションシステム
投入エネルギー量	145	100
発電量	35	35
熱供給量	40	40
熱損失および送電ロス	70	25
エネルギー利用効率	52（％）	75（％）

　†　発電量を35単位とし，同一量の電力および熱を供給する場合の比較．
　出典：エネルギー・フォーラム資料．

6・2 エネルギー利用（消費）効率の向上

上記のようにエネルギー生産の効率を向上させるとともに，苦労して生産したエネルギーを無駄なく利用することも大事である．エネルギーを有効に利用するためには，エネルギーのカスケード利用などとともに，エネルギー利用機器の効率向上が不可欠である．

6・2・1 エネルギーのカスケード利用（無駄のない利用法）

従来，われわれはエネルギーの利用に際して，エネルギーの一次利用（利用回数1回）のみで大量のエネルギーを無駄に捨ててきた．たとえば，火力発電では電力へ変換できたエネルギーの効率は，表6・1に示したように通常は40％程度であり，残りのエネルギーを排煙および蒸気凝縮用冷却水（温排水）として捨ててきた．

しかし，発生させたエネルギー（たとえば熱）は，エネルギーレベルの高い順番に段階的に**カスケード利用**（cascade，段滝）してゆけば，エネルギー損失が最も少なくなるはずである．たとえば図6・3に示すように，高温の熱エネルギーはまず価値が高い電力として利用し，ついでその廃熱（中温の熱エネルギー）は工場の生産活動に利用し，さらにその廃熱はビル，農水産，家庭などにおける給湯・冷暖房などに利用するのである．このようなエネルギーのカスケード利用法は，すでに一部の工業地域あるいは広域熱利用システムとして採用されつつある．たとえば，コ

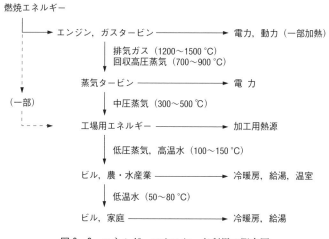

図6・3 エネルギーのカスケード利用の概念図

ンビナート(工場集積地域)の一部では同一工場内はもちろん，近隣の工場間でヒートインテグレーション（heat integration）を行っている例がある．

　このほか，複数の施設や建物への熱供給を集中管理して熱の合理的利用を図る地域エネルギー供給システム（**集中熱供給事業**）がある．この事業は個別施設が個々に冷暖房などの設備を設ける自己熱源方式よりは，集中した熱源プラントから蒸気，温水，冷水などを集約して発生し各施設に供給するほうが熱利用の無駄がなく省エネルギー面からのみならず環境負荷低減（二酸化炭素排出削減など）の意味からも有効である．世界でも広く行われており，日本では供給量は23×10^{15} J(石油換算 約6万トン，2020年) に達している（図6・4）．用途は冷熱約59 %，温熱約38 %，蒸気・給湯約3 %，燃料は都市ガス約70 %，電力約20 %，その他約10 %（2020年）である．

6・2・2　エネルギー利用効率の向上技術

　通常，末端で利用するエネルギーの形態は熱，動力あるいは電力であることが多い．したがって，熱エネルギー利用機器，動力エネルギー利用機器（内燃機関，自動車，船舶，航空機など），電力利用機器（モーター，照明，家電機器など）などのエネルギー利用効率の向上が重要である．これらの機器のエネルギー利用効率の向上策（省エネルギーへの技術的対策）には，

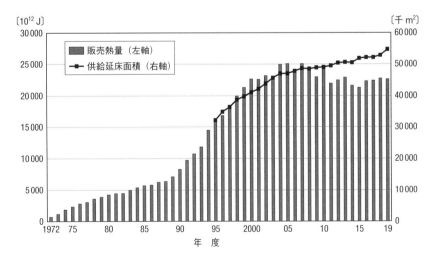

図6・4　日本の熱供給事業の販売熱量と供給延床面積［"エネルギー白書2021"］

1) 燃焼効率の向上

　（燃焼炉, 加熱炉, 焼成炉, 乾燥炉などの設備改造・更新, 燃焼管理強化, 酸素富化燃焼法の導入など）

2) 工場における省エネルギープロセスの採用, 生産プロセスの改善

　（工程削減, 触媒改善, 反応条件緩和, 酸素富化製鉄, 廃熱回収など）

3) 家電機器・情報機器の省エネルギー化

　（テレビ, 冷蔵庫, 空調機, ファックス, OA機器, 情報機器, LEDなどの高効率照明機器など）

4) リサイクルの推進*

などであるが,

5) 電力関連新技術（超伝導利用の送電線・モーターなど, 超高周波電力利用, 超高圧直流送電, 高性能サイリスターなど）の開発, 普及

も有効な電力利用効率の向上策である. これらの具体的内容については, §6・4で述べることとする.

6・3　エネルギーの回収利用

世の中には, 理由はそれぞれにあるものの多くの有効なエネルギーが捨てられており（主として**廃熱**, waste heat）, また従来から利用されていないエネルギー（**未利用エネルギー**, unused energy）も存在する.

6・3・1　廃 熱 利 用

工場, 発電所の設備（ボイラー, 加熱炉, 高炉, 冷却器など）などからは多量の熱が大気や水中に放出されている. これらの廃熱はヒートインテグレーション法（複数の装置や工場間で熱のやり取り, 相互利用をするシステム）や, エコノマイザー（空気予熱器など）あるいは図6・5に例示したような**廃熱ボイラー**（低温蒸気回収, 電力回収, 冷暖房, 乾燥などに再利用）, 吸収式冷凍機（空調機）, 真空式温

---

* リサイクルは資源保護の手段であるが, 同時に省エネルギーに関してもきわめて有効な手段である. たとえば, 下記の例のようにアルミニウム, 鉄, 紙, ガラスなどは, 原料（ボーキサイト, 鉄鉱石, 木材, 硝石）から直接製造する場合に比べて, 回収・リサイクルによって大幅な省エネルギー生産が可能である〔世良 力 著, "環境科学要論（第3版）", p.138, 東京化学同人（2011）参照〕.

　　　アルミニウム のリサイクルによるエネルギー節約率　97 %
　　　紙　　　　　　のリサイクルによるエネルギー節約率　75 %
　　　鉄　　　　　　のリサイクルによるエネルギー節約率　65 %
　　　ガラス　　　　のリサイクルによるエネルギー節約率　20 %

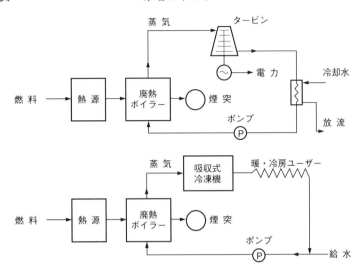

図6・5　廃熱ボイラーの利用例［亀山秀雄，児島紀徳 著，"エネルギー・
資源リサイクル"，p.81，培風館（1996）より改変］

水器などによって熱を回収し，カスケード利用を図るべきである．廃熱回収に要する費用は，回収熱の価値によって十分償却することができ，省エネルギーの有力な手段として多くの工場などで広く実施されている．また，§6·2·1で述べたように，工場廃熱を広域熱利用システムで活用している例もある．

6・3・2　未利用エネルギーの利用（ヒートポンプ）

　　レベルが低いエネルギー（低温熱源など）は，通常エネルギー回収効果（経済性）が良くないが，低レベルエネルギーでもエネルギー量が多い場合には，ヒートポンプを用いれば効果的に高レベルエネルギーとして回収利用することができる．たとえば，工場の低温廃熱の回収，あるいは空気，河川がもつ熱すらヒートポンプなどを利用して地域冷暖房を行う例がある．工場や変電所の廃熱利用（日立市，東京都，大阪市，福岡市など），ゴミ焼却熱利用（札幌市，千葉市，東京都，大阪市など），地下鉄熱利用（東京都，札幌市），下水熱利用（東京都），河川・海水熱利用（東京都，大阪市，福岡市，富山市など）など全国に広がっている．

　　ヒートポンプ（heat pump）とは，図6·6に構成概要例を示したように，媒体の蒸発（熱の吸収），凝縮（熱の放出）現象を利用して系周辺からの熱の回収利用を図る機器である．媒体には沸点が低く，蒸発・凝縮潜熱が大きい物質を用い，レベル

の低いエネルギー源からエネルギー（熱）を吸収し，レベルの高いエネルギー（より高い温度の熱）に変換する方法である．媒体を作動させるために，少量のエネルギー（動力，熱など）を必要とするが，回収できるエネルギーの質あるいは量は消費エネルギーよりもはるかに多い．ヒートポンプには圧縮式，吸収式，ケミカルヒートポンプなどの型式がある＊．圧縮式ヒートポンプは空調機（エアーコンディショナー）などで多く用いられている．

6・3・3 その他のエネルギーの回収利用

現在，まだ一部しか利用されていないものに都市の廃エネルギーがある．その一つは廃棄物である．廃棄物焼却炉の廃熱は一部，温水プールや地域熱供給に利用されているが，ゴミ発電（§3・4・2）などによってさらなる廃エネルギーの回収に努めるべきである．また，大規模下水処理設備の排水エネルギー(小規模水力発電)，地

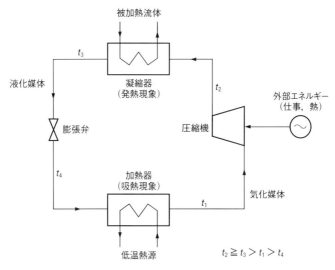

図6・6 ヒートポンプ（圧縮式）の構成概要

＊ **圧縮式ヒートポンプ**：低沸点媒体（ブタン，アンモニアなど）と圧縮機を用い，加圧下の凝縮温度と常圧下における蒸発温度との差を利用して低熱エネルギーを高熱エネルギーに変換して回収する．冷蔵庫の逆の原理．
　吸収式ヒートポンプ：吸収液（アンモニア水，LiBr 水溶液など）の蒸発・吸収サイクルによって中・低温の熱を回収する．
　ケミカルヒートポンプ：可逆反応の反応熱差を利用して昇温・増熱する方法．水素吸蔵合金，$CaCl_2$-NH_3(Ca-amide＋HCl)系，アセトン-プロパノール系（水素化・脱水素反応）などがある．

下鉄の廃熱（温水として回収），都市ゴミ最終処分場（埋め立て地）からのメタンの回収など，あるいはヒートポンプを利用する河川の熱エネルギーの回収（§6·3·2）の試みなど，さまざまな挑戦が行われている．

6·4　日本の省エネルギー実績と今後の課題

　日本は少資源国であり，§1·5でも述べたように，エネルギー需給のうえでは世界でも不安定な国の一つである．1970年代の石油危機のときに大きな打撃を被ったこともあり，**省エネルギー法***の制定なども含め省エネルギーには官民ともに熱

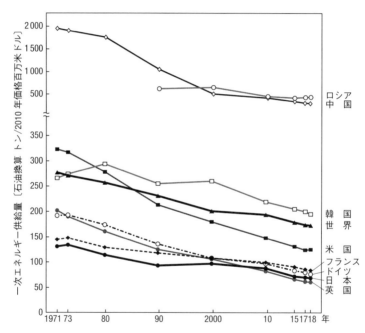

図6·7　世界の実質GDP当たりの一次エネルギー消費［"EDMC/エネルギー・経済統計要覧(2021年版)"］

---

　*　省エネルギー法（"エネルギー使用の合理化に関する法律"）は従前の"熱管理法"を抜本的に改編して1979年10月に制定された．対象は大規模工場，事業所（オフィスビル，ホテル，商業施設など），輸送業者，建築業者，特定機器（自動車，大型家電機器など）を対象として努力すべき省エネルギー目標などを定めた．また，設備改善への低利融資，税制優遇など政府としての促進策も講じた．しかし，世界的な地球温暖化に対する対応の要請の高まりなど，時代の変化に伴い大幅改正を数次にわたって行い，対象の拡大，目標値の明確化，達成義務など省エネルギー対策を強化している．

心に努力してきた結果，エネルギーの総消費量は増加しているものの，日本のエネルギー消費効率は 40 年間に約 2 倍（消費原単位約 47 ％減）にも向上した.

　このような省エネルギーの成果は政府の政策（法制，税制優遇措置，低利融資制度など）にもよるが，産業界における省エネルギー技術・機器の積極的な開発と採用，省エネルギー投資の推進，あるいは産業形態の転換（重厚長大から軽薄短小へ），および国民の省エネルギーに対する意識の浸透などが効果的に働いた結果である．なお，図 6・7 および図 6・8 に示すように，日本のエネルギー効率（消費原単位）は世界でも最高の水準に達し，日本の省エネルギー技術の優秀性を世界に誇れるまでになっている.

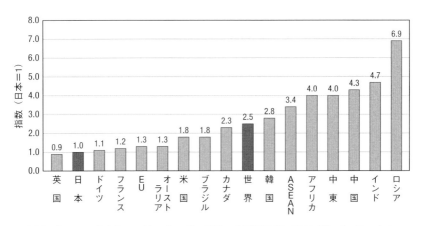

図 6・8　GDP 当たりの一次エネルギー消費の主要国比較（2019 年）．"一次エネルギー供給量（石油換算トン）/実質 GDP（米ドル，2010 年基準）"を日本＝1 として換算．["EDMC/エネルギー・経済統計要覧（2021 年版）"を基に作成]

　しかし，部門別に日本の省エネルギーの実績の推移を見ると，図 6・9 および図 6・10 に示すように産業部門（製造業など），業務部門は省エネルギーの成果を上げているが，**家庭部門あるいは運輸（旅客）部門は省エネルギー努力が不足している**．この結果，最終エネルギーの消費量およびその割合も，図 6・10 に示すように産業部門の努力が大きい（全体の約 44 ％）のに対し，民生部門の増加（家庭部門約 14 ％および業務部門約 18 ％）が著しく，全体の 30 ％を超えていることがわかる.

　上記のように，日本の省エネルギー活動は製造業を中心に大きな成果を上げてきたが，日本全体としての省エネルギー成績は 1990 年以降停滞気味である．一方で，

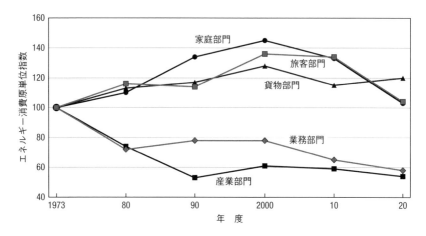

注）エネルギー消費原単位（1973 年度の指数を各々 100 とする）
　　家庭部門：一世帯当たりのエネルギー消費量
　　旅客部門：単位旅客運輸量（人・輸送 1 km）当たりのエネルギー消費量
　　貨物部門：単位貨物輸送量（トン・輸送 1 km）当たりのエネルギー消費量
　　業務部門：単位業務床面積（m²）当たりのエネルギー消費量
　　産業部門：製造業 IIP（付加価値ウェイト）1 単位当たりの量終エネルギー消費量

図 6・9　日本の各部門別エネルギー消費原単位指数の推移［"EDMC/エネ
　　　　ルギー・経済統計要覧(2021 年版)" を基に作成］

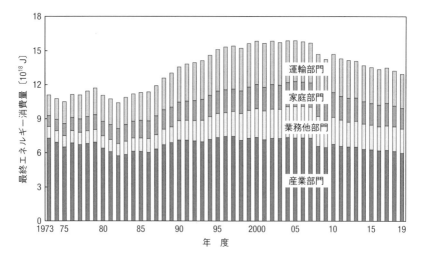

図 6・10　日本の最終エネルギー消費量の推移［"エネルギー白書 2021"］

地球温暖化防止対策の国際公約（COP 25, 26*1；二酸化炭素の削減）のためには，いっそうの省エネルギーの推進が日本全体としての義務となってきた．このため，政府はたびたび省エネルギー政策を強化を行い，当初は大規模工場中心であった対策（指導，自主行動計画の策定，工場総点検など）を中規模工場やオフィスビルなどにも拡げ，特定機器の指定拡大，**トップランナー方式***2 の導入あるいは目標を達成できない企業の社名公表，罰則規定の設定などを行った．

　エネルギー消費量（あるいはエネルギー原単位）の増加は，単に日本のエネルギー確保（エネルギーの安全保障）の問題としてだけではなく，世界の資源の消耗（化石燃料の枯渇など）および地球環境保全（地球温暖化対策など）のための重大な問題である．このように考えると今後われわれも**家庭部門の省エネルギーを中心に**各部門でもいっそうの努力をする必要があることが理解できるであろう．以下，各部門ごとの現状と課題について述べる．

6・4・1　産業部門の現状と課題

　1973 年の石油危機以来，対外経済競争力の向上，輸出拡大などの必要もあり政府の政策と相まって産業界はコスト削減，省エネルギーの推進（機器の改良，生産方法の省エネルギー化，省エネルギー投資など）に大きな努力をした．図 6・11 に業種別の省エネルギー努力の実績（エネルギー消費原単位指数低減の推移）を示したように，各業種とも好成績をあげたが，なかでも化学工業界における省エネルギー努力は大きく，エネルギー原単位を約 1/2（省エネルギー率約 40 %）にまで削減することに成功している．

A　化学工業界における改善努力

　化学工業界の省エネルギー努力の内容の例には，下記のようなものがある．

　　1) 省エネルギー行動計画，目標の設定（業種別，工場，製品ごと）
　　2) 省エネルギー技術の開発と採用（新しい化学反応の開発，酸素富化法その他の新製鉄法の採用など）

---

　*1　COP: Conferece of the Parties. 国連気候変動枠組条約に参加している国々（197 カ国）による会議．2 年に 1 回開催される．2021 年に開かれた第 26 回会議が COP 26.
　*2　従来の政府の省エネルギーに関する指導は，当該業界あるいは当該機器の平均値を定め目標として遵守するよう要請するものであった．1999 年の "改正 省エネルギー法" では，当該業界あるいは機器の中の省エネルギー達成率の最高値（トップランナー）を目標値として指導することとなった．対象は家電，自動車であったが，ガス器具，石油暖房器，建築材料その他へも順次拡大し，将来は住宅，ビルなどの建築物全体にまで拡げることが検討されている．

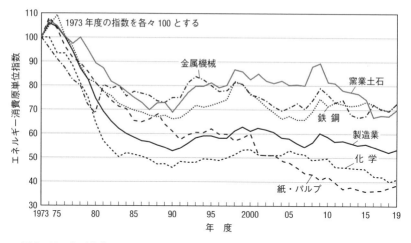

図6・11 主要産業におけるエネルギー消費原単位指数の推移 [“EDMC/エネルギー・経済統計要覧(2021年版)”]

   3) 省エネルギープロセスの採用（生産工程改善，触媒の改良，反応条件の緩和化など）

   4) 1)〜3)に伴う設備投資（エネルギー効率が低い設備の改廃・更新，廃熱回収設備の強化，ヒートインテグレーション，保温・保冷の強化など）

B 家電業界の努力

　家電業界の努力には，電力使用機器の省エネルギー化がある．たとえば，周波数変換・**インバーター方式**の採用などによる家電製品の低電力化(冷蔵庫，エアコン，洗濯機などの8品目) および**待機時消費電力**（コラム18）の低減，パソコン，プリンター，通信機器などの情報機器の省電力化，LED電球の普及(2013年以降，白熱電球の生産廃止)，有機ELテレビの市場拡大努力，あるいは半導体の小型・省電力化，エコベンダー（省電力型自動販売機）の開発など，**LCA設計**（コラム19）の推進も加味しながら省電力製品の開発に努力を続け，以前に比べ消費電力を1/2程度にまで削減されるようになっている（図6・12）．

　また，国は消費者の商品選択の際の利便のために家電製品の省エネルギー度に関する情報提供として，一定以上の省エネルギー化を果たした商品には図6・13に示すラベル表示を許可する制度により省エネルギー性能を示す評価点数，省エネ達成率，エネルギー料金低減の目安を消費者に示すことによって，省エネルギー機器の

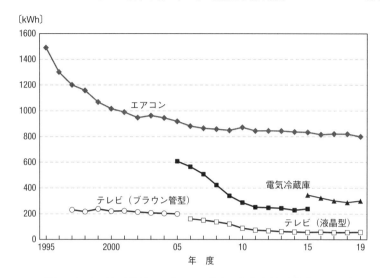

図6・12　主要家電製品のエネルギー効率の変化（電気冷蔵庫は2015年以降JIS規格が改訂されている）［“エネルギー白書2021”］

コラム18　待機時消費電力

　従来の家電製品の一部（テレビ，ビデオ，オーディオ，ファックスなどタイマーその他の機能が付いている家電製品）は通常不使用時でも通電している，これを待機時消費電力という．以前は24時間を通じて3～10 Wh程度の電力を消費していた．近年，省エネルギー意識の高まりとともに待機時消費電力の低減努力が進み，現状では下表のようになっているが，それでもその総量は家庭の全電力消費の約5％（原子力発電所1基分相当）を占めている．その内訳は給湯設備27％，映像・音響機器28％，情報・通信機器19％，その他空調・照明機器など26％となっており，なおいっそうの低減努力が望まれる．

おもな家電製品の待機時消費電力の平均値

ガス給湯器	7　Wh	エアコン	1.7 Wh
ファックス付電話機	3.4 Wh	ノートパソコン	1.2 Wh
DVDレコーダー	1.8 Wh	電気炊飯器	1.0 Wh
温水洗浄便座	2.2 Wh	液晶テレビ	0.4 Wh

出典：資源エネルギー庁省エネルギー対策課，“待機時消費電力報告書”など．

普及に努めている.

　また，政府は**エコポイント制度***などを実施し，省エネルギー家電製品の購入推進を促した.

C　建設業界の努力

　住宅，ビルなどの省エネルギーも大きな課題である．1999 年には省エネルギー法に基づく基準の改正を行い，建築物の気密化，断熱構造，照明の効率化などの設

図 6・13　家電製品の統一省エネルギーラベルの一例

　コラム 19　LCA 設計

　従来の製品設計においては機能の向上，コストの削減などが優先的に考えられてきた．これに対して LCA(life cycle assessment) 設計とは，資源や地球環境を重視する思想に基づいて行う設計のことである．すなわち，原料調達から生産工程，包装，流通・販売，消費，回収・廃棄に至るまでのすべての過程におけるエネルギーの総消費量，環境汚染物質・廃棄物の総排出量，地球温暖化への影響などを評価し，全体として影響が最小（total best）となるように設計する手法のことである．製品設計思想の主流となるものであり，その手順などについては ISO 14040 シリーズとして国際標準規格化されている．日本でも家電製品，自動車，建築物などで採用されている．

---

*　省エネルギー基準を満たした家電製品に，購入金額に応じ商品券などに交換できるポイントを与える制度を 2009〜2012 年に実施した．また，グリーン住宅エコポイントなども 2020〜2021 年に実施された.

計・施工の改善，省エネルギー機器の採用などが進められ，さらに建築材料にも
トップランナー方式（p.189 の脚注参照）が採用されるようにもなった（2012 年）．
建築物の熱効率を上げるためには，壁面の断熱・気密構造(外断熱など)，低放射型
多重ガラス窓（冷暖房費の 20 〜 50 ％を節減可能）や調光ガラス（エレクトロクロ
ミック材料使用，太陽光透過率を 20 〜 80 ％の範囲で自動調節し空調費を半分以下
にできる）の採用，あるいは屋上緑化（冷暖房費の節減）なども有効な手段である．
照明では自然光の有効利用（集中採光による天井照明など）その他の方法がある．
冷暖房には自然エネルギー利用，蓄熱式空調，ヒートポンプの採用などの省エネル
ギー対策が可能である．そのほか，ソーラーシステム（太陽熱，太陽光の利用．
§6・4・3）などの自然エネルギー利用の推進によるエネルギー自立住宅（図 6・18,
図 6・19 など参照）の建設なども進められている．

　また，建築設計（特にビルなど）においては，耐用年数・寿命を考えた LCA 評価
（コラム 19）に基づいた最適設計方法（省資源・省エネルギー設計方法）の開発，普
及が進められつつあり，その成果が期待される．

　さらに，住宅あるいは地域全体としての省電力，電力ピークカットのための**ス
マートメーター**（次世代電力計）や**スマートグリッド**（コラム 20）の導入も進めら
れている．スマートメーターを用いると電力使用量がリアルタイムで把握できるの
で電力使用量が増えたときには不急設備のスイッチオフや深夜電力を蓄えた蓄電設
備（電気自動車の設備を含む）への切替えなど，容易に節電ができるようになる．
日本でもすでに多くの家庭や事業所などで採用されている．またスマートグリッド
は地域全体の電力需給を最適化し電力の無駄遣いを防止するエネルギー・マネージ
メントシステム（EMS）であり，省エネルギーの推進とともに新ビジネスの創出と
しても大きな期待がもたれている．日本でもスマートシティーの計画（静岡県裾野

コラム20　スマートメーターとスマートグリッド

　スマートメーターとは家庭あるいは事業所における売電，自家発電（太陽光な
ど），蓄電量，電力消費状況などを情報技術を用いて瞬時に把握し，最適な電力利
用を可能にするような新型電力計（システム）であり電力利用の最適化が図れる．
　スマートグリッドとは地域全体での電力需給を一括把握し，電力供給（買電，太
陽光発電，大型蓄電池など）を最適化して地域全体としての需要の過不足を平準化
して総合的な節電・省エネルギーが可能にするシステムのことである．

市,千葉県柏市など)も進められており,2030年頃には広く採用が進むものと考えられている.

このような産業界(製造業)の省エネルギー努力は,結果として生産資材の削減,コストの低下,新製品の開発,販売量の増加(売り上げ,輸出の増大)などの効果となって表れるようになってきた.“投資を要してもなお**省エネルギーは利益になる!**”という認識が普及し,今や**省エネルギーは製造業の常識**とすらなってきている.今後はさらに,地球環境問題を加味したいっそうの省エネルギー対策の推進が期待される.

6・4・2 運輸部門の実績と課題

日本の,運輸部門(自動車,鉄道,船舶など)が消費するエネルギー量は総エネルギー消費量の約4/1にも達しており,運輸部門のエネルギー消費増大は大きな問題である.運輸部門のエネルギー消費比率を見ると,旅客部門が64%を占め,残りの36%が貨物部門となっている(2020年度).また旅客部門の約80%,したがって運輸部門全体の約50%を自家用車が占めていることに注目したい.運輸部門の省エネルギー課題は自動車自体の省エネルギーと自家用車の利用の合理化にあるといえる.

A 自動車の省エネルギー対策

国産ガソリン乗用車の燃費は石油危機以降大きく改善され,1980年〜1990年頃には約13 km/L(10モード評価法*)に達していたが,その後の贅沢の風潮とともに自動車は大型・高出力・高速化の方向となり,燃費は11 km/L程度にまで低下してしまった.しかし,その後は二酸化炭素削減の社会的要請もあり,エンジンの改良,車体の軽量化などにより燃費の向上が図られている(図6・14).現在では平均で22 km/Lを超えるようにもなっている.

燃費の改善は,安全性の向上,公害対策,リサイクル設計などとともに自動車工業界の急務である.燃費改善に対しては車体の軽量化(アルミ材,強化プラスチックの採用),エンジンの改良(小型化,高圧縮エンジンの開発など),さらにはハイ

---

* 1 Lの燃料で何km走行できるか,自動車の使用状況を考慮して決定する燃費測定方法.市街地を想定して10項目の走行パターンを想定したものが10モード,郊外を想定した15項目の走行パターンを加えたものが10・15モードである.なお,2011年4月よりJC08モード(実際の燃費により近づけた測定方法)に変更されている.

ブリッド車の増加（2010 年には生産車の 50 % 以上となった）やプラグインハイブリッド車（PHV，PHEV），電気自動車（EV）の販売開始，燃料電池自動車の普及などの努力が進められている．また，燃費低減にはディーゼル車の普及（ヨーロッパの傾向，ただし公害対策の強化が必要）も有効である．

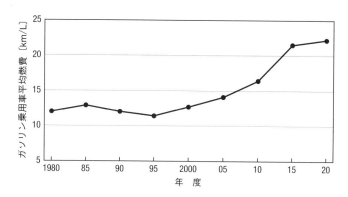

図 6・14　国産ガソリン車の平均燃費の推移［"EDMC/エネルギー・経済統計要覧（2021 年版）"］

　自動車の燃費の改善は，政府の地球温暖化防止対策政策の一環としても取上げられ，燃費基準のトップランナー方式（p.189 の脚注参照）などの導入によっていっそう拍車がかかっており，一部小型車ではすでに燃費 30 km/L 以上の車種の開発・販売も始まっている．一方，カーボンニュートラル（地球温暖化防止対策）への世界の動向に応じ日本を含め世界各国で内燃機関式自動車（ガソリン車，ディーゼル車）から，電動式自動車（電気モーター式，燃料電池式など）への移行が急速に進んでいる（表 6・6）．米国（テスラ社，世界第 1 位，2021 年 50 万台発売），中国，EU 諸国などで普及が進んでいる．日本も自動車税の減免などの政策も含め推進に努力している（トヨタ自動車の目標；2030 年までに 350 万台を販売）．

B　鉄道の省エネルギー対策
　鉄道関係では，車体の軽量化，電車の回生ブレーキ（SCR 制御モーター，回生発電機などによる減速時エネルギーによる発電），VVVF 制御（直交流変換・インバーター制御）などの省エネルギー対策が進められている．

表6・6　主要国・地域の乗用電気自動車の普及目標

国・地域	新車販売（乗用車等）の電動化目標[†]
日　本	2035年までに100 % HEV，PHEV，BEV，FCEVとする
EU	2035年までに100 % ZEVとする（2021年宣言）
英　国	2035年までに100 % ZEVとする（2030年までにガソリン車，ディーゼル車販売禁止）
米　国	2030年までに50 %以上をPHEV，BEV，FCEVとする（2021年大統領令） 2035年までに100 % ZEVとする（カリフォルニア州）
中　国	2035年までに50 %以上をNEVとし，NEVのうち95 %をBEVとし，FCEVは保有台数を約百万台とする

[†] HEV: ハイブリッド車，PHEV: プラグインハイブリッド車，BEV: バッテリー式車，FCEV: 燃料電池式車，ZEV: ゼロミッション車，NEV: 新エネルギー車.
出典: JETRO, "グリーン成長戦略".

C　交通システム，その他の改善

　運輸部門全体の省エネルギーを考えると，現在の車両の運行状態，交通システムにも問題がある．不要不急の自家用車の利用，交通渋滞（低速運転，アイドリングによる燃費の増加），コンビニなどでの小口多頻度配送などがエネルギー消費増大，環境汚染，交通安全など多くの問題の原因となっている．

　交通渋滞を改善するためには道路の再編（国土交通省，警察庁），新交通システムの導入，貨物配送関係のシステム改善，大量輸送機関（都市交通機関）の拡大・強化など政府，自治体が主導する対策が必要である．新交通システムとしては，次世代交通システム（ITS）の導入，公共輸送機関（バスなど）優先システム（PTPSなど）の拡大，都市部への自家用車の乗り入れ制限（パーク・アンド・ライドシステム，ロード・プライシング，都市部のナンバー別制限，ノーカーデー）などが考えられ，貨物配送関係では，小口多頻度配送の見直し，共同配送の実施などの物流システムの改善，貨物車の大型トレーラー化などが指摘されている．

　また，このような対策の効果を上げるためには，これらの対策を受け入れる**われわれ市民の理解**（価値観，ライフスタイルの転換など），積極的な**協力態勢と着実な実行**（近距離・不要不急の自家用車使用の自粛，公共輸送機関の利用率向上など）が何よりも大事である．その意味では，**省エネルギー達成のいかんは，われわれ自身の意識と行動にかかっている**といえるであろう．

6・4・3 家庭における省エネルギー

　近年，日本では世帯数の増加（小家族化や単身世帯の増化傾向などが原因）に加えて，家庭生活における利便性や快適性の追求もあって世帯当たりの家電機器を中心とする大型機器（自動車，テレビ，エアコン，冷蔵庫，自動洗濯機，高速ネット機器など）の台数増加（図6・15）や大型化によるエネルギー消費の増加が著しくなっている．世帯数や個人消費は増大したが，図6・16に示したように，国民の省

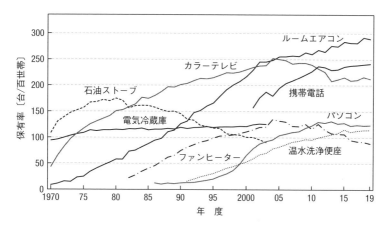

図6・15　家庭用エネルギー消費機器の保有状況［"エネルギー白書2021"］

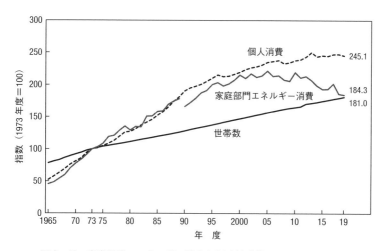

図6・16　家庭部門のエネルギー消費と経済活動等［"エネルギー白書2021"］

エネルギー意識の高まりにより，家庭部門のエネルギー消費量はほぼ横ばいないし低下傾向となっているが，家庭における省エネルギー努力はさらに要請されるところである．

　世帯当たりのエネルギー消費量は，個人の省エネルギー意識とともに2000年頃より減少傾向にあり，用途別には給湯用が減少し，動力・照明ほかが増加の傾向にある（図6・17）．

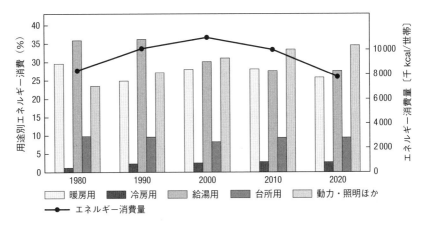

図6・17　世帯当たりの用途別エネルギー消費の推移［“EDMC/エネルギー・経済統計要覧（2021年版）”］

　家庭における省エネルギーをさらに進めるためには，§6・4・1Bで述べたような低消費電力型家電製品の利用拡大，あるいは省エネルギー型住宅（断熱気密構造，自然エネルギー利用）の普及なども必要である．たとえば，さまざまな技術を集積した光・熱複合ソーラーハウスシステムも徐々に普及しつつあり，このような住宅では大きな省エネルギー成績を上げることができる．ある一例（木造住宅，床面積128 m²，家族4人）をあげると，通常の住宅構造の場合（熱エネルギー消費13200 Mcal/年，電力消費量4800 kWh/年）に比べて，断熱ソーラーシステム（気密設計，太陽熱利用）を採用した住宅では熱エネルギーの削減75 %，電力の節減7 %となり，これに太陽電池システム（2.3 kW）を付加すれば熱エネルギーの削減75 %，電力の節減50 %が可能になるといわれている．さらに，建物の高機能化（特殊セラミック外壁，壁断熱材の強化，放熱防止ガラス，ヒートポンプ，太陽光

発電設備などの採用）を進めて，**スマートハウス**[*1]（図6・18など）やパッシブハ
ウス[*2] なども実用化が進行しており，外部からのエネルギー供給が必要でない**ゼ
ロ・エネルギー住宅**[*3]（ネット・ゼロ・エネルギー・ハウス，図6・19など）など
も市販されるようになってきている．

　家庭における省エネルギーの推進には，上記のような技術的対策も必要である
が，それ以上にわれわれ**市民レベルの意識改革**（環境，省エネルギーに重点を置い
た価値観など）に基づいた，市民の努力，**スマートライフ**[*4] の推進が重要である．
われわれは家庭で無意識のうちに贅沢な生活に流れ，知らぬ間にエネルギーを浪費
しているのではないだろうか．たとえば，消費者の利便の要求に応じて全国各地に
必要以上のコンビニエンスストア（58000店以上，2020年現在）があり客数に関係
なく深夜まで営業している．これに対し一部の自治体では深夜営業規則を検討する
動きも出始めている．また，街中に多数の飲料缶をはじめとする各種自動販売機の
総数は500万台以上あった2012年に比べれば減少傾向にある〔270万台以上（うち
飲料用225万台），2021年〕とはいえ，各地に林立している．これらが昼夜を問わ
ず消費する電力の合計は大型原子力発電所1基分にも相当するといわれている（省
電力型のエコベンダーに転換すれば少なくともピーク電力は1/10に減少する）．
そのほかにも多くの例がある．これらの問題を，市民の意識改革，スマートライフ
の実行などによって贅沢な生活を抑制することにより解決してゆきたいものであ
る．

　市民の意識改革の効果を示す例の一つとして，一人一人のちょっとした注意，努
力が大きな省エネルギー効果を生む実例もある．群馬大学の学生が，日常生活にお

---

*1　**スマートハウス**は，住宅に設置した太陽光パネルと蓄電設備（プラグインハイブリッド車の
　利用，大容量蓄電設備），ITシステム（ソフトウェア組込み配電盤，スマートメーター）など
　を組合わせ昼・夜間電力売買を平準化して省エネルギー・省支出を図る住宅．
*2　**パッシブハウス**は，断熱材を強化し，二重～三重ガラス窓や床暖房などの高性能の空調設備
　を備えることによって外気の影響を軽減できる“夏涼しく冬暖かい住宅”．住宅の消費エネル
　ギーを約40％削減できるといわれている．ドイツでは個人住宅のほか集合住宅にも採用が進
　められており，日本でも実験的に進められている例（東京都市大学など）もある．
*3　**ゼロ・エネルギー住宅**は，断熱や太陽熱利用に加え，太陽電池などでつくった余剰電力を電
　力会社などに売る量を悪天候時や夜間などに電力会社から買う電力量より多くすることで，外
　部から購入するエネルギー量が事実上ゼロになる住宅．
*4　地球環境保護などを重視する新しい価値観に基づき，資源保護，リサイクル，省エネルギー
　などを思考した新しいライフスタイルへの転換などの**地球と共生できる生活様式**をいう．たと
　えば，省電力型の照明機器の積極的導入，過度な照明（高輝度，装飾照明）の見直し，スマー
　トメーターを利用する適正な消灯，冷暖房，不要不急の自家用車使用の自粛などの積極的な対
　策のほか，水道の使い方（過度の朝シャン，シャワー・洗面・炊事用水の垂れ流し），食料の
　無駄遣い（p.201参照）の自粛などのちょっとした心遣い，あるいはサマータイム制度の導入（政
　策推進）なども省エネルギー効果があるスマートライフである．

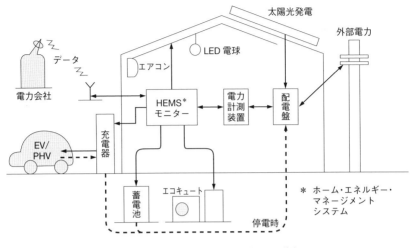

図6・18　スマートハウスのイメージ図

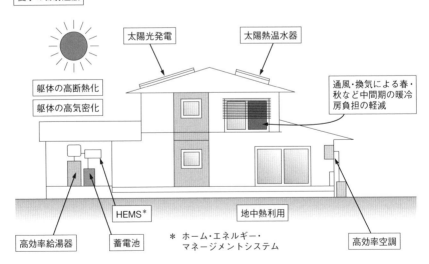

図6・19　ゼロ・エネルギー住宅の例［国土交通省ホーム
ページより改変］

ける二酸化炭素の排出抑制努力の効果を実験調査した結果，学生でもちょっとした
努力によって二酸化炭素の削減率平均 36 ％を達成できたという．二酸化炭素排出
量は化石燃料（エネルギー）消費量と比例するので，**一人一人の小さな努力の積み
重ね**がエネルギー消費の抑制にも，地球温暖化防止にも大いに役立つことがわか
る．われわれの日常生活の中での意識のもち方，生活態度の小さい努力を積み重ね
れば日本全体にすれば大きな省エネルギー効果，あるいは環境保護につなげること
ができ，原子力発電所の削減すら可能（全国で家庭電力の 35 ％の省電力ができれば
原子力発電所 8 〜 10 基を停止可能という試算がある）となることなどもよく理解し
ておきたい．

　このような市民の省エネルギー意識・行動を測る方法の一つに**省エネルギー度
チェックリスト**というものがある．一例を表 6・7 に示した．この例では 25 項目に
ついて自己採点し 20 項目以上に該当した場合は優秀，11 以下は要努力，4 以下は
エネルギー浪費家であると判定している（ちなみに著者は 20 点である）．

6・4・4　その他の部門の課題

　われわれの食糧を得るために，農・水産部門では多くのエネルギーが消費されて
いる．これは，集約的農業，畜肉生産，養殖漁業の拡大の結果であり，また収奪的
生産を続けた結果である．この結果，農地・漁場の生産力が低下し（漁獲量の減
少），それを補うために肥料，飼料，機材，燃料など大量の資材（エネルギー）が投
入され，またその量も年々増大している．たとえば，機械力による近代稲作では米
1 kg 当たり約 2300 kcal（原油換算 0.25 L に相当）を要し，冬のハウストマト・キュ
ウリなどには 1 kg 当たり約 5000 kcal（1 個当たり原油換算 0.1 〜 0.15 L）と，夏の露
地栽培に比べて 20 〜 60 倍のエネルギーを費やしている．また，マグロ 1 kg の養
殖には 10 kg のイワシを要し，マグロの切り身 100 g の生産には 0.3 〜 0.5 L の原油
を，畜肉 1 kg の生産には穀物 2 〜 8 kg（鶏肉 2 kg，豚肉 4 kg，牛肉 8 kg）を費やし
ている．

　しかし，これらのエネルギー消費の根底には**消費者の意向**（食品の高級化，四季
を問わない産物の要求）あるいは**食料の無駄遣い**があり，そのために多くのエネル
ギーが無駄にされている．供給（生産および輸入）した食糧のうち有効に利用され
た食べ物の割合は約 3/4 であり，約 1/4 が生ゴミその他として利用されないまま
に捨てられている．このような**フードロス**（コラム 21）を見逃すわけにはゆかない．

　このような例を考えると，**消費者の意識がエネルギー需要に大きな影響を与え**，

表 6・7　省エネルギー度チェックリストの例 [省エネルギーセンター, "家庭の省エネ大事典 2012 年版" より改変]

AIR CONDITIONING

① 暖房は 20℃, 冷房は 28℃ を目安に温度設定をしている.	□ Yes	□ No
② 電気カーペットは部屋の広さや用途にあったものを選び, 温度設定をこまめに調節している.	□ Yes	□ No
③ 冷暖房機器は不必要なつけっぱなしをしないように気をつけている.	□ Yes	□ No
④ こたつはこたつ布団と一緒に敷布団と上掛けも使用し, 温度設定をこまめに調節している.	□ Yes	□ No

LIGHTING

⑤ 照明は, 省エネ型の蛍光灯や LED 電球を使用するようにしている.	□ Yes	□ No
⑥ 人のいない部屋の照明は, こまめな消灯を心がけている.	□ Yes	□ No

ENTERTAINMENT

⑦ テレビをつけっぱなしにしたまま, 他の用事をしないようにしている.	□ Yes	□ No

KITCHEN

⑧ 冷蔵庫の庫内は季節にあわせて温度調整をしたり, ものを詰め込み過ぎないように整理整頓に気をつけている.	□ Yes	□ No
⑨ 冷蔵庫は壁から適切な間隔をあけて設置している.	□ Yes	□ No
⑩ 冷蔵庫の扉は開閉を少なくし, 開けている時間を短くするように気をつけている.	□ Yes	□ No
⑪ 洗いものをする時は, 給湯器は温度設定をできるだけ低くするようにしている.	□ Yes	□ No
⑫ 煮物などの下ごしらえは電子レンジを活用している.	□ Yes	□ No
⑬ 電気ポットは長時間使わない時には, コンセントからプラグを抜くようにしている.	□ Yes	□ No
⑭ 食器洗い乾燥機を使用する時は, まとめて洗い温度調節もこまめにしている.	□ Yes	□ No

BATH & TOILET

⑮ お風呂は, 間隔をおかずに入るようにして, 追い焚きをしないようにしている.	□ Yes	□ No
⑯ シャワーはお湯を流しっぱなしにしないように気をつけている.	□ Yes	□ No
⑰ 温水洗浄便座は温度設定をこまめに調節し, 使わない時はふたを閉めるようにしている.	□ Yes	□ No

CLEANING

⑱ 洗濯する時は, まとめて洗うようにしている.	□ Yes	□ No

CAR

⑲ ふんわりアクセル "e スタート" を心がけている.	□ Yes	□ No
⑳ 加減速の少ない運転をするように気をつけている.	□ Yes	□ No
㉑ 早めのアクセルオフをするように気をつけている.	□ Yes	□ No
㉒ アイドリングはできる限りしないように気をつけている.	□ Yes	□ No
㉓ 外出時は, できるだけ車に乗らず, 電車・バスなど公共交通機関を利用するようにしている.	□ Yes	□ No

ETC.

㉔ 電気製品は, 使わない時はコンセントからプラグを抜き, 待機時消費電力を少なくしている.	□ Yes	□ No
㉕ 電気, ガス, 石油機器などを買う時は, 省エネルギータイプのものを選んでいる.	□ Yes	□ No

お持ちでない機器は, Yes としてください.　Yes の合計 ▼

あなたの省エネ度は？	Yes が 20 個以上	Yes が 19～12 個	Yes が 11～5 個	Yes が 4 個以下
	ズバリ省エネ派	まあまあ省エネ派	まだまだ省エネ派	もっと省エネ派

ひいては地球の環境悪化（地球温暖化など）をひき起こしている要因にもなっていることがわかる．われわれの意向，行動のいかんによって多くの資源，エネルギーが失われる，あるいはそれらを救うことができることを忘れてはならない．

コラム21　フードロス

　フードロス（食品ロス）とは本来食べられるものが捨てられることをいう．たとえば生産したのに市場に出せないもの（出荷，販売できないもの，農産物や漁獲物など），食糧から食品に加工される場合に捨てられるもの（食品加工業などで多い），レストランや家庭で料理の際に捨てられるもの，消費期限（賞味期限ではない）切れのもの（コンビニなどでも発生）などがある．日本では年間 570 万〜610 万トン以上（一人当たり約 50 kg/年）のフードロスがあるといわれている（下図）．

　フードロスを防ぐために政府も"食品リサイクル法"（2001 年施行）を制定したほか，民間でも地産地消の推進や消費期限に近い商品の値引き販売，フードバンクを通じて必要としている施設や家庭などに贈るなどさまざまな活動が業界，会社，NPO など，あるいは各家庭で励行されるようになってきている．

　フードロスの防止は単に食料のロスを防ぐだけでなく，ゴミ処理量の削減，ひいては地域環境保全にも貢献できることであり，官民合わせての推進に努力しなければならない．

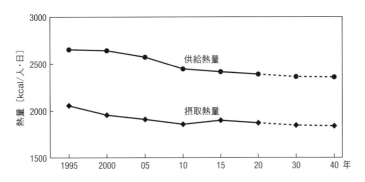

日本の食料供給量（熱量換算）と食料摂取量（熱量換算）の推移と予測［農林水産政策研究所，"我が国の食料消費の将来推計（2019 年版）"を基に作成］
（食料供給量と食料摂取量の値は調査方法および熱量算出方法が異なるので正確な比較とするには難がある．図に示した両者の差は"食べ残しおよび廃棄量"の目安として理解するのがよい．）

参 考 文 献

"Key World Energy Statistics 2021", IEA.

"Statistical Review of World Energy 2020, 2021", BP.

"Survey of Energy Resources 2021", WEC.

"World Energy Balances 2021", IEA.

"World Energy Outlook 2020, 2021", IEA.

"第6次エネルギー基本計画 2021 年", 経済産業省資源エネルギー庁.

"EDMC/エネルギー・経済統計要覧(2021 年版)", 日本エネルギー経済研究所.

"エネルギー需給実績(2021 年版)", 経済産業省資源エネルギー庁.

"エネルギー白書 2020, 2021", 経済産業省資源エネルギー庁.

"海外電力調査会データ集 2020", 海外電力調査会 (JEPIC).

"環境科学要論 第3版", 世良 力 著, 東京化学同人 (2011).

"環境白書 2021", 環境省.

"今日の石油産業 2020", 石油連盟.

"原子力安全白書 2020", 内閣府原子力安全委員会.

"原子力・エネルギー図面集", 日本原子力文化財団.

"原子力政策の課題と対応について", 経済産業省資源エネルギー庁.

"原子力白書 2020", 原子力委員会.

"自然エネルギー白書 2020(速報)", 環境エネルギー政策研究所.

"世界のエネルギー情勢(エネルギー白書 2011)", 経済産業省資源エネルギー庁.

"世界の火力発電市場の動向", エネルギー総合工学研究所(2016 年).

"世界の原子力開発の動向 2022 年版", 日本原子力産業協会.

"世界の統計(2022)", 総務省統計局.

"総合エネルギー統計 2021", 経済産業省資源エネルギー庁.

"日本の原子力発電の状況", 経済産業省資源エネルギー庁.

"日本の統計(〜 2022)", 総務省統計局.

その他, 内外の論文, 公的機関資料

(五十音順)

機 関 の 略 称

API: American Petroleum Institute
　　　米国石油協会

BP: British Petroleum
　　　英国石油

COP: Conference of the Parties
　　　条約締結国会議（国連気候変動枠組み条約）

DOE・EIA: Department of Energy, Energy Information Administration
　　　米国エネルギー省エネルギー情報局

EDMC: The Energy Data and Modelling Center
　　　日本エネルギー経済研究所（一般財団法人）

IAEA: International Atomic Energy Agency
　　　国際原子力機関

ICRP: International Commission on Radiological Protection
　　　国際放射線防護委員会

IEA: International Energy Agency
　　　国際エネルギー機関（OECD 内の機関）

IPCC: Intergovernmental Panel on Climate Change
　　　気候変動に関する政府間パネル

JOGMEC: Japan Oil, Gas and Metals National Corporation
　　　石油天然ガス・金属鉱物資源機構（独立行政法人）

NEDO: New Energy and Industrial Technology Development Organization
　　　新エネルギー・産業技術総合開発機構（独立行政法人）

OECD: Organization for Economic Cooperation and Development
　　　経済協力開発機構

OPEC: Organization of the Petroleum Exporting Countries
　　　石油輸出国機構

UAE: United Arab Emirates
　　　アラブ首長国連邦

USGS: United States Geological Survey
　　　米国地質調査所

WEC: World Energy Council
　　　世界エネルギー会議

単 位 換 算 表

1. 化石燃料の発熱量[†]

	GJ/kL	kcal/L	kcal/Nm^3	GJ/ton	kcal/kg
天然ガス	–	–	9770	54.5(LNG)	13 000(LNG)
LPG	–	–	–	50.2	12 000
原　油	38.2	9130	–	–	10 800(中東原油, 平均比重 0.847 基準)
ガソリン	34.6	8270	–	–	
灯　油	36.7	8770	–	–	
軽　油	38.2	9130	–	–	
C重油	41.7	9960	–	–	
石　炭	–	–	–	28.9	6 900(原料炭)
				26.6	6 350(一般炭)
				27.2	6 500(無煙炭)

Nm^3 の N は標準温度・圧力(STP, 0 ℃, 1 気圧)での値であることを示す.
[†]　この表は, 2002 年 12 月施行の "エネルギーの使用の合理化に関する法律, 施行規則 別表第 1" に基づく.

2. 熱量換算[†]

メガジュール (MJ＝10^6 J)	キロワット時 (kWh)	キロカロリー (kcal)	原油換算キロリットル (kL)	石油換算トン (TOE)	英国熱量単位 (BTU)
1	2.78×10^{-1}	2.39×10^2	2.60×10^{-5}	2.21×10^{-5}	9.48×10^2
3.60	1	8.60×10^2	9.39×10^{-5}	8.24×10^{-5}	3.413×10^3
4.186×10^{-3}	1.16×10^{-3}	1	1.09×10^{-7}	9.26×10^{-8}	3.97
3.83×10^4	1.07×10^4	9.16×10^6	1	9.16×10^{-1}	3.63×10^7
4.52×10^4	1.25×10^4	1.08×10^7	1.16	1	4.28×10^7
1.055×10^{-3}	2.93×10^{-4}	2.52×10^{-1}	2.75×10^{-8}	2.33×10^{-8}	1

[†]　表中の数値は, 1. 化石燃料の発熱量 に基づいて計算した.

3. 容 量 換 算

キロリットル(kL, Nm^3)	バレル(bbl)	ガロン(米, gal)	立体フィート(SCF)
1	6.29	264	35.3
1.59×10^{-1}	1	42	–
3.79×10^{-3}	2.38×10^{-2}	1	–
2.83×10^{-2}	–	–	1

Nm^3 の N は標準温度・圧力(STP, 0 ℃, 1 気圧)での値であることを示す.

4. 天然ガスの重量・容量換算

重量(トン)	容量(気体, Nm^3)	容量(液体, kL)
1	1.4×10^3	2.35
7.14×10^{-4}	1	1.68×10^{-3}
4.25×10^{-1}	6.0×10^2	1

Nm^3 の N は標準温度・圧力(STP, 0 ℃, 1 気圧)での値であることを示す.

5. 液化石油ガス(LPG)の重量・容量換算

	重量(トン)	容量(液体, kL)	容量(液体, バレル)
プロパン	1.00	1.96	12.3
ブタン	1.00	1.72	10.8

6. 接 頭 語

接頭語	倍　数	英　字
k （キロ）	10^3(千)	thousand
M （メガ）	10^6(百万)	million
G （ギガ）	10^9(十億)	billion
T （テラ）	10^{12}(兆)	trillion
P （ペタ）	10^{15}(千兆)	quadrillion
E （エクサ）	10^{18}(京)	quintillion

索　引

世良　力（せ　ら　ちから）

1933 年　滋賀県に生まれる
1959 年　京都大学工学部修士課程 修了
1987 年　コスモ石油(株) 中央研究所長,
　　　　　(株)コスモ総合研究所 常務取締役 を経て
1994～1996 年　国立東京工業高等専門学校物質工学科 助教授
1996～2003 年　同校 非常勤講師
専門　石油化学, エネルギー工学, 環境科学
工学博士, 技術士

第 1 版　第 1 刷　1999 年 11 月 5 日　発行
第 2 版　第 1 刷　2005 年 3 月 1 日　発行
第 3 版　第 1 刷　2013 年 3 月 15 日　発行
第 4 版　第 1 刷　2022 年 8 月 12 日　発行

資源・エネルギー工学要論（第 4 版）

© 2022

著　者　　世　良　　　力
発 行 者　　住　田　六　連
発　　行　　株式会社 東京化学同人
東京都文京区千石 3 丁目36-7(〒112-0011)
電話　(03)3946-5311・FAX　(03)3946-5317
URL　http://www.tkd-pbl.com/

印　刷　　中央印刷株式会社
製　本　　株式会社 松岳社

ISBN978-4-8079-2037-2
Printed in Japan